AF395743

LE
COURANT ÉLECTRIQUE
DIFFÉRENTIEL

Par ÉMILE MANGON

Électricien amateur

PARIS

LIBRAIRIE POLYTECHNIQUE BAUDRY ET Cie, ÉDITEURS

15, rue des Saints-Pères, 15

MAISON A LIÉGE : 21, RUE DE LA RÉGENCE

1896

LE
COURANT ÉLECTRIQUE
DIFFÉRENTIEL

Par ÉMILE MANGON

Électricien amateur

PARIS

LIBRAIRIE POLYTECHNIQUE BAUDRY ET Cie, ÉDITEURS

15, rue des Saints-Pères, 15

MAISON A LIÈGE : 21, RUE DE LA RÉGENCE

—

1896

NOTES HISTORIQUES

On lit dans le livre l'*Éclairage électrique* (1883), du regretté M. Th. du Moncel, l'article suivant :

Courants de réaction de l'arc électrique dans les machines à courants alternatifs. — « M. Jamin nous a rendu témoin d'expériences intéressantes, qui montrent que, quand le courant d'une machine à courants alternatifs traverse un milieu aériforme, par l'intermédiaire d'électrodes de masse et de surface très inégales, l'un des courants induits cède la prépondérance à l'autre, et il se produit un courant *différentiel* qui peut être très énergique et qui agit alors comme si le courant circulait dans la même direction. Cet effet ne semble pas provenir de la même cause que celui que l'on constate avec la bobine de Ruhmkorff. Il paraît avoir pour origine la dissymétrie des électrodes, et sa grandeur est en rapport avec la nature de l'électrode la plus large ; on obtient le maximum avec le mercure et le cuivre, et le minimum avec le fer. Le courant différentiel va toujours d'ailleurs de l'électrode la plus large à l'électrode la plus petite. Les effets électrolytiques produits par ce courant sont très énergiques, mais il faut dans tous les cas que l'arc soit formé entre les deux électrodes. Des effets du même genre résultent de l'immersion de deux lames de fer d'inégale surface dans un liquide ou un milieu médiocrement conducteur, comme le sol. Les deux lames forment alors un double couple voltaïque, dont les courants sont d'inégale force, et il en résulte, comme je l'ai démontré en 1861, un courant différentiel qui va toujours de la grande lame à la petite, à travers le circuit extérieur.

« Dans les expériences de M. Jamin, une machine à courants alternatifs de Gramme ne pouvait produire aucune action quand elle était mise simplement en rapport avec un électrolyte, mais il suffisait d'introduire dans le circuit un brûleur dont un des charbons avait 4 millimètres et l'autre 2, pour fournir un courant capable d'agir chimiquement comme une pile de Bunsen de 100 éléments.

« En général, ce courant est faible et même nul quand l'arc est peu étendu, mais il augmente avec la distance des électrodes. Ces effets proviennent, suivant M. Jamin, de la force contre-électromotrice développée sur les charbons entre lesquels l'arc s'échange : « Chacun des deux systèmes de courants, dit-il, emmagasine, au moment où il commence, une certaine somme d'énergie qui devient libre quand il cesse, et se traduit par un courant contraire, ou, comme le dit Edlund, par une force électromotrice inverse. Ainsi, un premier courant, tout d'abord très faible, s'accroît peu à peu, et, lorsqu'il cesse, donne naissance à une réaction inverse qui s'ajoute au courant induit que la machine développe au même moment. Si donc un des systèmes de courants offre une réaction plus faible que le système contraire, il sera moins affaibli et plus renforcé, et il déterminera le sens du courant différentiel. »

« Ce système, au dire de M. Jamin, peut jouer pour les machines magnéto-électriques à courants renversés le rôle d'un commutateur. Il suffira, pour cela, d'introduire dans le circuit un ou plusieurs arcs formés entre un bain de mercure et une pointe de charbon, ou entre deux conducteurs solides de section très différente. Dans ce dernier cas, l'effet atteint son maximum entre une grande masse de charbon de cornue qui s'échauffe peu et un crayon terminé en pointe, qui atteint la température la plus élevée. En échangeant l'arc entre différentes masses métalliques et une pointe de charbon, l'intensité du courant différentiel est à peu près dans les rapports suivants : avec le plomb, 29° ; avec le fer ou le charbon, 30°, avec le cuivre, 60°, et avec le mercure, 70°. »

On lit dans le *Cosmos,* du 16 mai 1891 :

Le courant électrique entre une pointe et une boule. — « Tel est le sujet d'une thèse qui a été soutenue, en 1889, en

Amérique, et qui a donné lieu à des expériences fort curieusés à l'Université de Cornell, par MM. Archbold et Teeple, puis par M. Acheson, et qui ont été commentées par M. E.-L. Nichols, dans l'*Américan*, journal de sciences.

« Ce n'est pas parce que certains travaux ne peuvent pas être décrits en détail ou comme ils le méritent, qu'il convient de les passer sous silence. Si je n'entre pas à fond dans la discussion du phénomène dont je parle, du moins attirerai-je l'attention sur l'étrangeté qui le caractérise.

« Si, en effet, on approche l'un de l'autre les deux fils qui aboutissent à un générateur de courants alternatifs, et dont les extrémités sont munies, l'une d'une boule, l'autre d'une pointe, le galvanomètre indique non plus un courant alternatif, mais un courant continu. En changeant de place la boule et la pointe, c'est à dire en remettant la pointe sur le fil qui se termine par une boule, et réciproquement, la déflexion se produit dans un sens contraire, et on remarque que le courant va toujours de la boule à la pointe.

« Si la pointe est en acier, elle se fond très rapidement dans l'arc qui s'est formé et qui est très lumineux.

« Elle résiste bien quand elle est en platine. Si on la retire, l'arc subsiste, mais il chante, et les sons qu'il produit sont uniformes, si je puis m'exprimer ainsi, et correspondent aux alternances. Si on éloigne les fils, il n'y a plus d'arc, et le chant ou plutôt le bourdonnement s'accentue. La pointe devient rouge brunâtre, et le galvanomètre indique un courant faible, mais constant. Puis, la pointe devient plus rouge, le son devient beaucoup plus fort et la déflexion du galvanomètre grandit, mais est très irrégulière. Enfin, il arrive un moment où le bourdonnement est très faible et très égal, et où la pointe arrive au blanc en même temps que le courant est à la fois plus intense et plus constant.

« L'explication qu'on donne de ce phénomène est que, d'abord l'arc se forme des deux côtés, et il y a une succession rapide de sons. Mais à mesure que l'arc s'allonge, il continue à bien aller de la boule à la pointe, mais ne va que d'une façon intermittente de la pointe à la boule ; de là, les sons irréguliers et inégaux et la déflexion qui cesse d'être constante.

« A la fin, la distance devient telle qu'il ne peut y avoir d'arc de la pointe à la boule, tandis qu'il y en a encore un de la boule à la pointe, et c'est là ce qui fait que la déflexion du galvanomètre et le son acquièrent de la constance. »

On lit dans le *Cosmos,* du 6 juin 1891 :

Production d'un courant continu par un courant alternatif. — « M. Bottome, de Hoosich (N. E.), annonce qu'il a pu rendre continu un courant alternatif en plaçant sur le circuit deux électrodes, l'une de platine et l'autre d'aluminium, immergées dans de l'eau acidulée. Une couche non conductrice d'alumine se dépose sur l'aluminium, et s'oppose au passage du courant quand il est d'un certain sens, et le laisse passer quand il est de sens inverse. Ce phénomène fort curieux avait été signalé il y a plusieurs années, mais il est resté sans application pratique. »

M. R. V. Picou a publié dans la *Lumière électrique,* du 28 juillet 1888, l'article intéressant qui suit :

Sur la transmission simultanée des courants continus et alternatifs. — « On sait que les usines centrales de distribution d'électricité à grande distance ont été jusqu'ici étudiées suivant deux dispositions générales :

« Transformation directe des courants de haute tension, à l'aide de transformateurs ;

« Transformation partielle et indirecte par accumulateurs.

« Chacun de ces modes de distribution a ses partisans convaincus parmi les électriciens.

« Une longue et mémorable discussion s'est élevée récemment sur ce point à la *Society of Telegraph Engineers and Electricians* de Londres.

« Nous ne résumerons pas ici cette discussion, dans laquelle tout a été dit et discuté sans que, somme toute, la question ait été résolue.

« Nous nous proposons seulement de montrer, dans cette étude, qu'il n'y a aucune impossibilité théorique à combiner, sur un seul et même réseau, l'emploi et l'utilisation simultanés des courants continus et alternatifs, et, par conséquent, à créer un système qui participe aux propriétés de tous les autres et puisse leur emprunter tous leurs avantages.

« On reconnaîtra que, si le problème est théoriquement possible, il n'en est pas moins entouré de difficultés pratiques considérables ; mais définir le problème est le premier point ; nous verrons ensuite quels sont les moyens que l'on peut employer pour en tenter la réalisation.

I.

« Supposons d'abord le problème résolu, et soient A et B deux conducteurs sur lesquels nous supposerons qu'il existe à la fois du courant continu et alternatif (fig. 1).

« Proposons-nous d'en dériver à volonté l'un des deux à l'exclusion de l'autre, de manière à pouvoir l'utiliser dans un récepteur convenable.

« Soit d'abord à utiliser le courant alternatif.

« Soit C un condensateur de capacité convenablement cal-

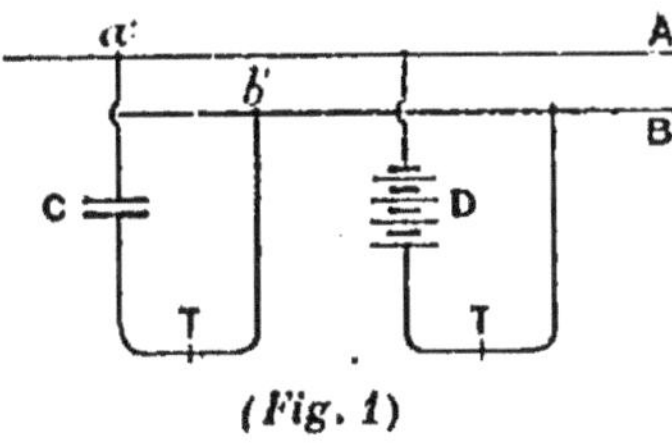

(Fig. 1)

culée ; si nous le rattachons à la ligne, en dérivation, il est évident que le conducteur a' T b' sera parcouru par un courant alternatif qui dépendra seulement de la différence de

potentiels en *a' b'*, de la capacité de C et des forces électro-
motrices d'induction qui peuvent exister sur la ligne *a'* T *b'*.

« Si donc en T est un transformateur, on pourra recueillir
et utiliser son courant secondaire.

« Une autre solution se présente encore. Elle consiste à
interposer dans la dérivation, aux lieux et place du condensateur C, un appareil susceptible de développer une force
contre-électromotrice de sens continu et d'une valeur convenable.

« Ce sera, par exemple, une batterie d'accumulateurs, ou
même, avec les dispositions convenables, une machine
dynamo-électrique tournant folle, c'est à dire sans autre
résistance que ses frottements propres, aussi réduits que
possible.

« Dans ce dernier cas, il passera encore, évidemment, un
faible courant continu, mais qui pourra être aussi réduit
qu'on le voudra.

« Voyons maintenant à prendre une dérivation de courant
continu.

« En *a" b"* (fig. 2) relions notre dérivation, qui traversera

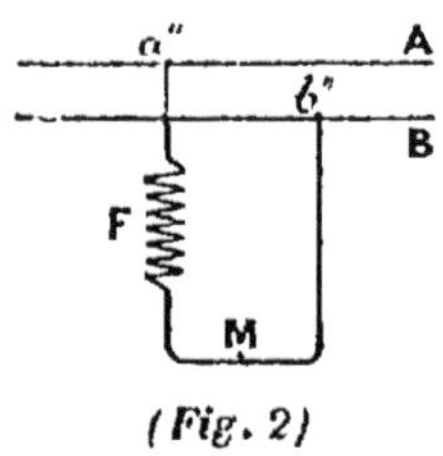

(Fig. 2)

successivement l'appareil d'utilisation M et une bobine F,
douée d'une self-induction très élevée et d'une résistance
très faible.

« Celle-ci sera facile à réaliser à l'aide d'un circuit magnétique fermé, entouré par un nombre convenable de tours de
gros fil.

« L'effet de cette bobine sera de s'opposer presque complétement au passage du courant alternatif, tandis qu'elle sera facilement franchie par le courant continu.

« La première partie du problème est donc ainsi résolue. En ce qui concerne les machines productrices, il est évident qu'il suffira, pour pouvoir les mettre en dérivation sur la ligne principale, de prendre pour chacune d'elles les mêmes

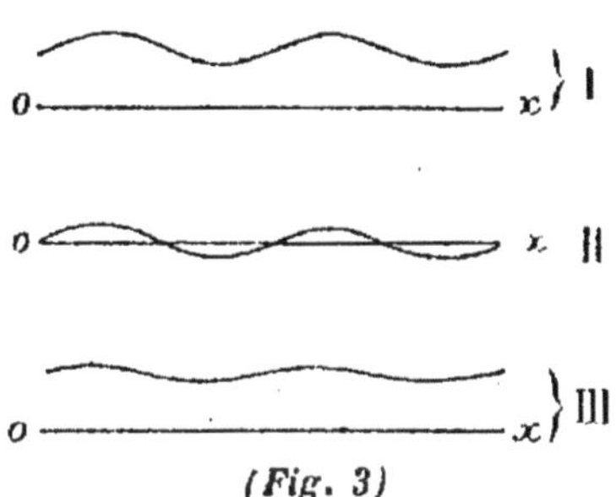

(Fig. 3)

dispositifs de protection que nous venons de signaler pour les appareils de distribution.

« Examinons maintenant la valeur pratique de ces solutions.

« Je dirai d'abord que, si j'ai parlé du courant alternatif et du courant continu comme de deux choses distinctes, existant simultanément, ce n'est que pour faciliter le langage.

« Il y a, sur la ligne, un courant ondulatoire résultant de la superposition des deux autres, et la figure 3 indique, en gros, la forme des ondes sur la ligne principale et sur les deux dérivations.

« Le condensateur est une solution dont le principal inconvénient pratique réside dans les dimensions qu'il est nécessaire de lui donner pour arriver à lui faire transmettre une énergie déterminée. On ne peut diminuer ses dimensions que par une augmentation du nombre des renversements du courant, en d'autres termes, en diminuant le temps périodique du courant.

« Malheureusement, bien des raisons, qu'il serait trop long

d'énumérer ici, s'opposent à une trop grande augmentation des renversements.

« L'emploi des accumulateurs, comme arrêt du courant continu, serait simple et efficace s'il suffisait d'en mettre un petit nombre.

« Mais, pour que le système eût une valeur pratique, le cas serait précisément tout autre : il en faudrait un nombre considérable dont le poids, le prix et les autres inconvénients connus seraient tels qu'il faudrait y renoncer.

« Enfin, la machine dynamo-électrique, folle, développant une force électromotrice inverse, devrait avoir des dimensions suffisantes pour laisser passer, sans échauffement, le courant alternatif. Il est bien évident que cette machine devrait être à excitation indépendante, par courant continu emprunté à la ligne principale AB, à l'aide du dernier artifice.

« Celui-ci, l'emploi d'une bobine de self-induction élevée et de résistance faible, comme extincteur des ondulations du courant, est réellement simple et pratique et ne pourrait avoir comme inconvénient que le prix de l'appareil. Or, ce prix ne paraît pas devoir être bien élevé, pourvu que la bobine soit convenablement calculée.

II.

« Telle est, brièvement exposée, avec ses inconvénients, la solution du problème de la transmission simultanée des courants continus et alternatifs par les mêmes lignes.

« Il convient maintenant de rechercher si, parmi le matériel électrique déjà existant, il n'existe pas quelque appareil dont l'emploi soit avantageux en permettant quelque simplification.

« Il est évident, par exemple, que si la même machine dynamo pouvait produire à la fois le courant continu et alternatif, on serait dans des conditions de production beaucoup plus simples et économiques que celles qui supposent l'emploi de machines séparées, avec dispositifs de protection.

« Or, de telles machines existent.

« Il suffira de citer les types Brush, Gérard, Thompson-Houston, qui sont les plus connus.

« Le courant de ces dynamos est fortement ondulatoire, malgré que pour les deux premières, tout au moins, il ne me semble pas que ce but ait été poursuivi par leurs inventeurs.

« L'étude du projet d'une dynamo de ce genre consisterait à lui donner une ordonnée moyenne et une amplitude d'oscillation déterminées d'avance, d'après les conditions moyennes de l'exploitation.

« La durée de la période, qui est arbitraire, se déterminerait par les mêmes conditions que celles qui sont en jeu dans l'étude des machines alternatives.

« Les variations de la consommation auraient alors pour résultat de faire varier à la fois l'ordonnée moyenne et l'amplitude des oscillations de la courbe du courant, de manière qu'elle puisse être représentée, à des moments différents, par des sinusoïdes plus ou moins déplacées au-dessus de l'axe des x.

« Quelle que soit la valeur des considérations ci-dessus développées, l'intérêt qui s'attache aux questions de distribution électrique est tel qu'il nous a paru justifier l'exposé rapide de ce mode spécial, qui, par des perfectionnements possibles, pourrait concilier les exigences les plus diverses, et répondre assez simplement à tous les desiderata du problème. »

LE COURANT ÉLECTRIQUE DIFFÉRENTIEL

Nous donnons le nom de courant électrique différentiel à une forme de courant alternatif dont les deux demi-périodes ne possèdent pas les mêmes quantités d'électricité.

En appelant positive la courbe située au-dessus de l'axe des X (fig. 4), et négative la courbe située au-dessous, la courbe négative se trouve être *différente* de la courbe positive.

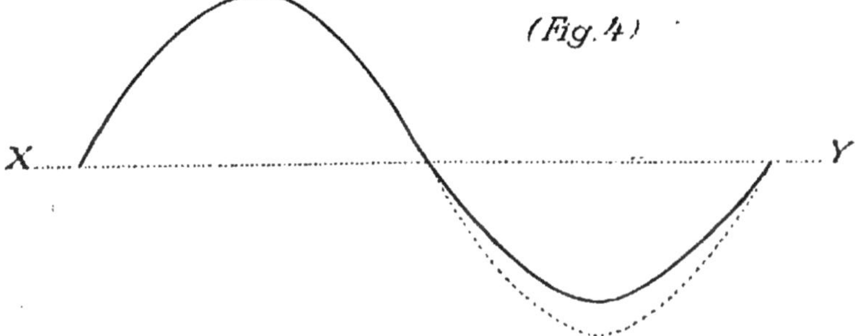

Le courant différentiel est en quelque sorte un système de courant électrique mixte entre le courant alternatif et le courant continu. On peut même dire que c'est le courant alternatif et le courant continu simultanés. Sur une canalisation de courant différentiel, on pourra recueillir à volonté, comme nous le verrons plus loin, soit du courant continu, soit du courant alternatif.

Pour fixer les idées, nous donnerons le nom de courant alternatif *équicoulombé* (mêmes quantités d'électricité) au courant alternatif ordinaire, et celui de courant alternatif *discoulombé* (1) (quantités différentes), au courant différentiel.

(1) Nous adoptons, à tort ou à raison, cette expression. Lorsque nous employons les expressions : « 100 volts positifs, 90 volts négatifs », nous supposons que le temps périodique pour chaque sinusoïde est égal à $\frac{T}{2}$, autrement dit, que les deux sinusoïdes sont *équi-périodiques*, $t_p = t_n$.

A notre avis, il faudrait une expression pour représenter le produit $E \times T$. Cela nous permettrait de mieux définir les mots : « *Ondernance, courant noderné* », que nous employons plus loin.

Par exemple, un courant discoulombé de 10 °/₀ sera un courant différentiel dont la demi-période négative possédera 10 °/₀ de moins de quantité que la demi-période positive, et un courant discoulombé de 100 °/₀ sera un courant dont une des deux demi-périodes sera annulée complétement.

La production du courant différentiel.

D'une manière générale, pour produire le courant différentiel, on fait varier la constante de temps $\frac{L}{R}$ du circuit. Les deux termes de ce rapport peuvent varier l'un et l'autre, en même temps, d'une manière inégale, la variation d'un seul des deux termes est suffisante.

En particulier, pour produire le courant différentiel à l'aide d'une dynamo, il suffit de faire varier le nombre des spires induites ou inductrices, de telle sorte que le nombre de spires qui correspond à la demi-période positive soit différent de celui qui correspond à la demi-période négative.

Les alternateurs modernes qui englobent tous leurs pôles dans un seul groupe de spires, conviennent très bien pour la variation susdite. (Alternateurs à circuit inducteur unique.)

Un seul balai suffit, à la rigueur, pour opérer la variation ; mais, comme un frotteur continu est nécessaire pour amener le courant de l'autre pôle, il sera préférable de faire servir aussi ce dernier frotteur à la variation. Cette dernière se trouvera alors opérée par deux balais frottant chacun sur un collecteur propre à chacun d'eux, c'est à dire qu'il y aura deux collecteurs nettement séparés, et un seul balai frottera sur chaque collecteur.

La variation peut avoir lieu pendant la demi-période discoulombante, au commencement et à la fin de cette demi-période. Il sera plus symétrique et plus pratique de la faire au commencement et à la fin de chacune des deux demi-périodes. Elle pourra d'ailleurs se faire entre les deux.

Ce système revient à mettre en circuit ouvert, pendant une

demi-période, un certain nombre de spires. Il rappelle un peu le type Brush, mais le principe et le but cherché sont tout différents. Nous consentons d'avance à une certaine perte de puissance spécifique ; et à ceux qui pourraient nous le reprocher, nous leur dirons que, depuis plusieurs années déjà, les courants polyphasés nous ont habitués aux pertes de puissance spécifique.

Un alternateur de 100 volts, étant discoulombé de 10 % (100 volts positifs, 90 volts négatifs), fonctionnera sous le rapport des étincelles apparentes à ses deux balais variateurs, identiquement comme une dynamo à courant continu, de même tension et de même puissance, qui aurait vingt touches à son demi-collecteur. Si l'alternateur susdit comporte 100 spires à son induit, chacun de ses deux balais variateurs n'aura que 5 spires à sortir et à rentrer périodiquement dans le circuit induit pour produire le courant différentiel désiré. Chaque balai pourra d'ailleurs n'opérer la variation que spire par spire ; dans ce cas, le collecteur devra comporter un grand nombre de touches dans l'espace qui sépare les deux demi-périodes.

Avant de parler des applications du courant différentiel, nous allons montrer qu'on peut obtenir sur une canalisation de courant différentiel, soit du courant continu, soit du courant alternatif. Pour cela, il nous suffira d'expliquer le mécanisme de la constante de temps, tel que nous le comprenons, en langage d'amateur.

Le courant différentiel
et la constante de temps $\dfrac{L}{R}$

Supposons que nous placions en dérivation, sur un circuit alimenté par un courant différentiel, un autre circuit ayant une constante de temps égale à $\dfrac{L}{R}$. En faisant un choix judicieux de cette constante de temps, on pourra obtenir à volonté dans le circuit dérivé chacune des formes de courant représentées par les figures 5, 6, 7, 8, 9.

En premier lieu, pour une constante de temps infinie, on obtiendrait à la limite un courant représenté par une ligne droite AS (fig. 5), mais, comme le courant est nul, ce cas ne présente aucune utilité pratique.

Prenons maintenant, par exemple, le cas de la figure 7, et faisons les hypothèses suivantes : l'alternateur-générateur est discoulombé de 10°/₀ (100 volts positifs, 90 volts négatifs) ; la résistance ohmique du circuit dérivé égale 1 ohm ; l'intensité égale 5 ampères, au moment précis où l'alternateur a accompli une demi-période. Pendant cette demi-période, une certaine somme d'énergie potentielle égale à $\dfrac{LI^2}{2}$ a été accumulée ; de plus, la résistance ohmique a absorbé une certaine quantité d'électricité que l'on peut représenter par le voltage exigé, c'est à dire $5 \times 1 = 5$ volts ohmiques (1) ; il s'ensuit qu'au point 180°, au moment précis où commence la demi-période négative, une force électromotrice de $95 - 5 = 90$ volts se trouve être en opposition avec la force électro-motrice produite par l'alternateur aux bornes du circuit dérivé. Pendant toute la demi-période négative, l'énergie potentielle est restituée, et produit un courant en opposition avec celui que tend à produire le générateur. Il s'ensuit que si, pendant cette demi-période, l'alternateur ne produit que 90 volts, au lieu de 100 qu'il produisait pendant la demi-période positive, le courant restera de même sens dans le circuit dérivé, et aura la forme ondulatoire représentée par la figure 7.

On voit donc que, lorsqu'on ferme un circuit possédant de la self-induction sur un générateur à courants alternatifs, il suffit, pour obtenir un courant continu ondulatoire dans ce circuit, de discoulomber l'alternateur d'une certaine quantité

---

(1) Le voltage ohmique moyen exigé est en réalité inférieur à 5 volts, parce que l'intensité croît depuis zéro jusqu'à 5 ampères.

proportionnelle à la valeur de la résistance ohmique du circuit susdit.

Passons maintenant aux cas des figures 6 et 8. Pour obtenir une forme de courant ondulatoire analogue à celle de la figure 6, il suffirait de discoulomber l'alternateur d'une quantité supérieure à 10 %. L'intensité augmenterait et ne descendrait jamais au-dessous d'une certaine valeur dépendant de la constante de temps. Dans cette figure, les lignes en trait pointillés RM et NT représentent, l'une la période de fermeture du circuit dérivé, c'est à dire le courant produit pendant les premiers instants qui suivent la fermeture du circuit dérivé sur le circuit général, l'autre la période d'ouverture du circuit ou d'arrêt de l'alternateur.

Pour ce qui est du cas de la figure 8, on obtiendrait la forme du courant représentée, c'est à dire un courant différentiel, en discoulombant l'alternateur d'une quantité inférieure à 10 %. Enfin, pour la figure 9, nous nous trouvons en présence d'un courant alternatif équi-coulombé, produit par un courant alternatif de même forme.

Pour nous résumer, nous dirons que, pour un alternateur discoulombé d'une quantité donnée, toutes les formes de courant désirées, différentiel ou continu ondulatoire, pourront être obtenues, cela dépendra du choix judicieux de la constante de temps.

Nous avons supposé ci-dessus que le circuit étudié était placé en dérivation sur le circuit général ; nous admettions tout naturellement que ce dernier circuit se composait d'une résistance ohmique simple. Par suite, le courant produit dans le circuit général était un courant différentiel. Pour rendre celui-ci alternatif équi-coulombé, il suffira de lui faire traverser un transformateur ordinaire à courants alternatifs.

Dans le cas particulier, où le circuit général se réduit au circuit dérivé étudié ci-dessus (fig. 6 et 7), il est évident que l'alternateur fonctionne comme moteur pendant toute la durée de la demi-période négative.

Différentes formes de courants obtenues avec des constantes
de temps différentes.

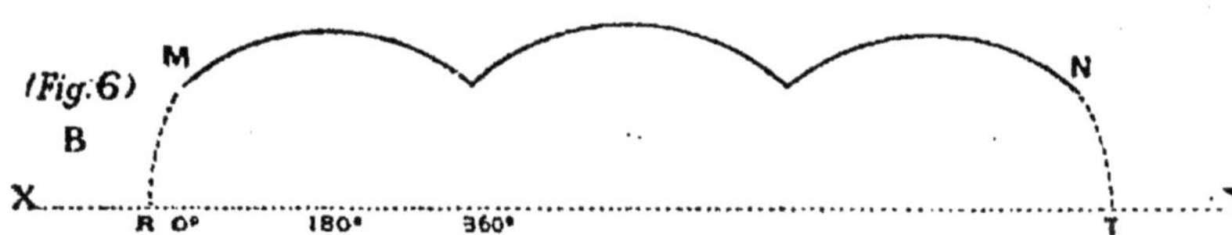

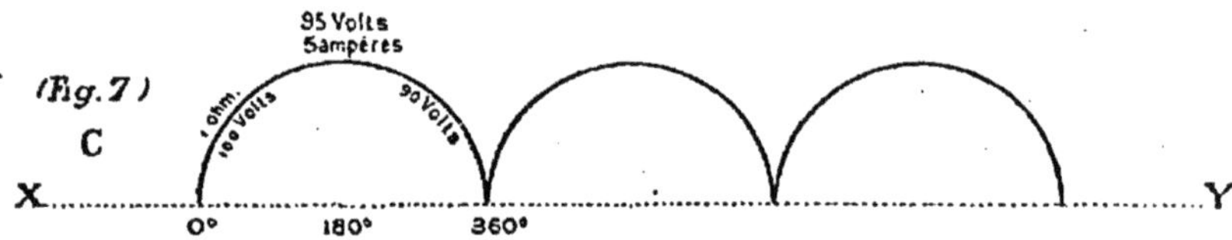

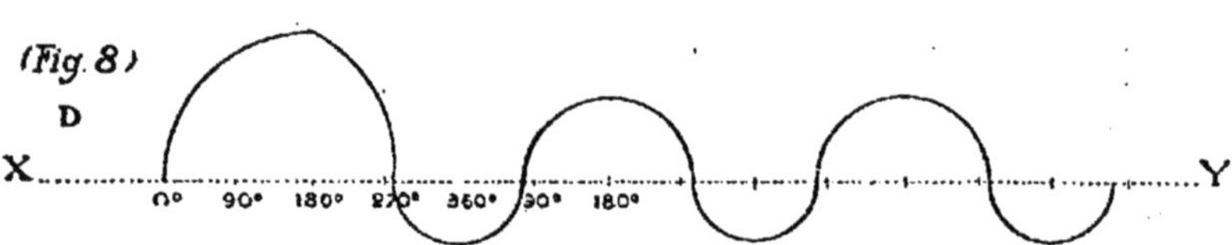

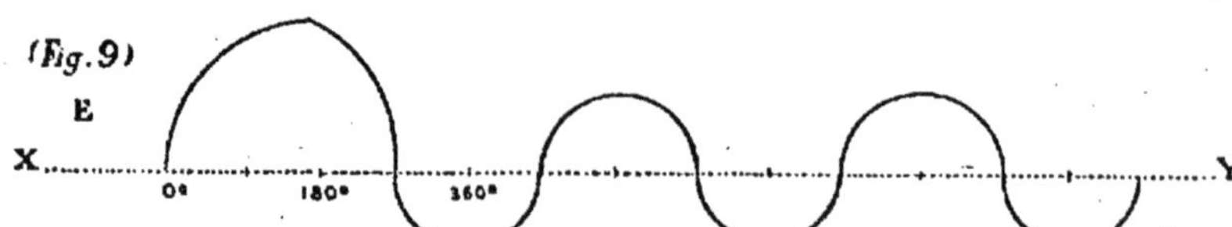

L'excitation et la régulation des alternateurs.

On emploie généralement, pour exciter un alternateur, soit le courant continu produit par une machine dite excitatrice, soit le courant continu ondulatoire produit par le redressement d'un courant alternatif. En 1887, la filature de La Neuville-lès-Wasigny était éclairée par 200 lampes à incandescence, alimentées par un alternateur Siemens ; c'était le type $W^{12} D^7$ (100 volts, 200 ampères), provenant de la rue Picot. Or, nous étions parvenus à exciter automatiquement cet alternateur sans le secours de l'excitatrice, en supprimant périodiquement la demi-période négative de l'alternateur, c'est à dire celle dont le courant aurait été en opposition avec le courant produit par la décharge de l'énergie potentielle accumulée dans le fer inducteur. Il n'y avait donc pas redressement dans ce cas, mais simplement suppression d'une des deux demi-périodes. De plus, en forçant la vitesse, nous étions parvenus à faire agir sur le circuit d'excitation une très faible, mais réelle partie de la tension négative. On voit donc que, pour produire l'excitation, il suffisait de supprimer la demi-période négative pendant un certain temps. Dans ces expériences, il fallait toujours, par application de la for-

$$\text{mule } i = \frac{E}{R} e^{-\frac{Rt}{L}},$$ que le circuit général des lampes fût

fermé en dérivation sur celui des bobines inductrices. Le fonctionnement de la machine, dans ces conditions, était assurément détestable, mais le principe de l'excitation par simple variation de la constante de temps du circuit, était trouvé.

Depuis cette époque, les alternateurs à fer tournant et à flux ondulé ont été créés, et l'énergie nécessaire pour la production du champ magnétique a considérablement diminué.

A ce sujet, nous devons laisser la parole un instant au docteur Ballandier. Ce savant italien dit, en parlant de l'alternateur *Belloni (Cosmos* du 30 septembre 1893) :

« Le champ magnétique de cette dynamo, par sa forme et les dimensions de chacune de ses parties, est construit de manière à consommer le moins d'énergie possible, car le chemin des lignes de force dans les parties magnétiques est réduit à sa longueur minima. Pour le type de 15 chevaux, la perte de travail résultant de l'excitation descend au-dessous de 1 °/₀, et pour une machine dépassant 100 chevaux, elle se réduit à quelques millièmes. Il résulte de ce fait une conséquence importante et qui montre l'économie que cette machine permet de réaliser. Au lieu d'avoir une dynamo excitatrice qui prendra une bonne partie de la force, ce service peut être demandé, à raison de son peu d'importance, soit à une pile primaire, soit mieux encore à une petite batterie d'accumulateurs semblable à celle qui s'emploie pour les régulateurs ou avertisseurs automatiques. C'est donc un premier avantage, et important..... »

M. Sylvanus Thompson dit, dans son *Traité des machines dynamo-électriques,* au sujet du célèbre alternateur triphase d'Oerlikon (1,400 ampères, 50 volts) : « En réalité, en circuit ouvert, on ne dépense pour l'excitation que 100 watts, soit un vingtième de 1 °/₀, ou cinq dix-millièmes de la puissance ; à pleine charge, quand la réaction d'induit est maximum, cette dépense est encore bien inférieure à 1 °/₀. »

Comme on le voit, un grand progrès a été réalisé, sous le rapport de la consommation d'énergie demandée par un champ magnétique. Les conditions requises pour que cette consommation soit minimum, sont : 1° faible entrefer ; 2° larges pièces polaires ; 3° masse polaire centrale (voir pour ce dernier point la disposition adoptée par Mordey, dans le *Traité des machines dynamos,* de S. Thompson, page 667) ; 4° emploi d'un circuit inducteur unique.

Nous sommes parvenus à exciter un alternateur de 2,000 watts avec 25 watts (1), et il ne sera pas impossible d'exciter

____

(1) La densité du courant égale 1 ampère dans le circuit inducteur.

un alternateur de 25,000 watts (100 volts, 250 ampères), avec 125 watts.

Pour employer l'excitation à constante de temps variable, on ne devra plus introduire seulement dans les calculs la résistance ohmique simple du circuit inducteur, mais bien la résistance apparente. Supposons, par exemple, que l'alternateur de 25,000 watts cité plus haut soit excité en dérivation, et que son induit soit discoulombé de 10 %.

Si cet induit comporte 20 spires uniques englobant toutes les armatures qui correspondent aux pôles multiples, il suffira, pour obtenir le courant différentiel désiré, de mettre deux spires en circuit ouvert pendant la demi-période négative. Comme l'excitation exige 125 watts, la résistance ohmique de l'inducteur ne devra pas avoir plus de 0,2 ohm, l'intensité excitatrice employée sera de 25 ampères. $25 = \dfrac{5 \text{ volts}}{0,2}$. Une excitation qui ne demande que 5 volts ohmiques, exige un courant alternatif discoulombé de 10 % (100 volts positifs, 90 volts négatifs). Un courant discoulombé de 5 % ne serait pas suffisant, parce que l'excitation doit être soutenue pendant les deux demi-périodes positive et négative.

Si nous comparons ce système d'excitation à résistance apparente à celui de l'excitation à résistance ohmique pure opérée par le redressement d'un courant alternatif ordinaire (1), nous voyons que dans le premier cas, pour une excitation de 3,000 ampères-tours, une intensité de 25 ampères et 120 spires seront nécessaires, tandis que dans le second cas, la même excitation exigera 1 ampère 25 seulement $\left(1,25 = \dfrac{100}{80}\right)$. et 2,400 spires. La réaction d'induit et la perte en watts dans la résistance de l'induit seront un peu plus grandes dans le premier que dans le second cas, mais par contre, le fil employé étant du gros fil, on pourra mettre plus de cuivre sur l'inducteur, parce que le volume occupé par l'isolement du fil se trouvera très réduit.

(1) Ou par un courant continu.

Un cas d'excitation très intéressant, est celui qui se présente quand, au lieu de faire varier la constante de temps du circuit induit, on fait varier celle du circuit inducteur placé en dérivation sur le circuit général. Cette fois, on ne doit plus retrancher des spires pendant la demi-période négative, on doit au contraire en ajouter. L'alternateur n'offre alors aucune perte de puissance spécifique ; les balais variateurs n'ont plus à supporter l'intensité totale fournie par la machine, mais simplement l'intensité nécessaire à l'excitation. Le courant produit dans le circuit général est légèrement différentiel.

Un de nos alternateurs avait ses circuits, inducteur et induit, immobiles ; il suffisait pour l'exciter d'ajouter au circuit inducteur, pendant la demi-période négative, les quelques spires de fil de cuivre servant de frettes au système d'armatures mobiles. Comme ces quelques spires peuvent être ajoutées une par une au circuit d'excitation, on conçoit que le fonctionnement du collecteur ne laisse absolument rien à désirer sous le rapport des étincelles apparentes aux balais. D'ailleurs, on remarquera que le collecteur variateur peut présenter absolument le même aspect et la même forme extérieurs que les collecteurs ordinaires de machines à courant continu ; rien ne s'oppose, en effet, à ce que le collecteur soit formé d'un grand nombre de touches, réparties uniformément sur le pourtour du cylindre qui lui sert d'axe. Dans ce cas, la variation de la constante de temps est continue, et le déplacement des balais à droite et à gauche du point maximum devient intéressant.

L'excitation peut encore avoir lieu par « *libre désaimantation* », c'est à dire que, dans ce cas, on opère la variation de la constante pendant une époque plus ou moins longue qui sépare nettement les deux demi-périodes. La force électro-motrice est alors nulle pendant un certain temps. L'énergie potentielle contenue dans le fer de la machine se trouve abandonnée à elle-même pendant la fraction de période qui sépare nettement les deux demi-périodes actives. Le nombre

des spires peut être le même pendant les deux demi-périodes,
mais il est variable durant le temps qui les sépare.

Le principe de la libre désaimantation est un principe fécond
pour la solution du problème qui consiste à obtenir d'une
dynamo une force électromotrice constante sous des vitesses
variables dans des limites très étendues. Toutefois, nos expériences n'étant pas terminées sur ce point particulier, nous
ne pouvons en dire plus long pour le moment à ce sujet.

Nous dirons en terminant que l'auto-régulation du débit
est possible avec le courant différentiel. On verra plus loin
des détails à ce sujet.

Excitation par augmentation du nombre des spires excitatrices pendant la demi-période négative.

Pour exciter un alternateur à circuit inducteur unique, il
suffit d'enrouler sur le noyau inducteur, en plus des spires
excitatrices normales, un certain nombre de spires supplémentaires, qu'on ajoute périodiquement en tension au circuit
inducteur normal pendant chaque demi-période négative.
L'addition de ces spires supplémentaires doit être faite au
moment où la tension aux bornes de la machine est nulle ou
à peu près, c'est à dire dans le voisinage de la ligne neutre.

Nous appellerons conventionnellement *spires ondulantes*
ces spires supplémentaires qui ont pour effet, comme nous le
verrons plus loin, de produire dans le circuit extérieur un
courant alternatif différentiel.

Quand le nombre des spires ondulantes est petit, l'addition
peut se faire d'un seul coup sans qu'il en résulte d'étincelles ;
mais, lorsque le nombre des spires supplémentaires atteint une
certaine valeur du nombre des spires excitatrices normales,
on a avantage, pour avoir un bon fonctionnement des balais,
à sectionner la variation, c'est à dire à diviser les spires sup-

plémentaires en un certain nombre de parties que l'on ajoute successivement à l'aide de plusieurs touches minces. Le collecteur se trouve alors être composé de touches larges qui correspondent successivement aux demi-périodes positives et négatives, et de touches minces intercalées entre ces touches larges. Dans ces conditions, pour passer de la demi-période positive à la demi-période négative, le balai doit franchir successivement les touches minces qui correspondent aux spires supplémentaires. On arrive ainsi très facilement à une suppression complète des étincelles.

Ce procédé d'excitation, d'une extrême simplicité, présente certains phénomènes intéressants ; nous allons y consacrer quelques pages.

Calcul simplifié du nombre des spires ondulantes nécessaires pour exciter un alternateur.

Pour exciter un alternateur d'une puissance donnée, il faut un nombre de spires supplémentaires en rapport avec les dimensions de la machine et, en particulier, en rapport direct avec la résistance ohmique du circuit inducteur.

Pour traiter cette question d'une manière rigoureusement mathématique, il faut se servir de la formule de Helmholtz :

$$I = \frac{E}{R} \, e^{-\frac{Rt}{L}}$$

et même, si l'on veut tenir compte de tous les phénomènes, des formules compliquées qui régissent la théorie de l'induction mutuelle. Nous allons essayer de simplifier ce calcul, en faisant certaines hypothèses qui, tout en étant éloignées de la réalité, n'en sont pas moins d'un grand secours pour la compréhension facile des phénomènes. L'expérience et la pratique confirment d'ailleurs nos déductions.

Nous adopterons les notations suivantes :

E_p. — Force électro-motrice efficace exprimée en volts, fournie par l'alternateur pendant la demi-période positive.

E_n. — Force électro-motrice négative.

L. — Coefficient de self-induction du circuit inducteur. (On suppose le coefficient du circuit induit négligeable, celui du circuit inducteur étant toujours très grand.)

I_{op}. — Intensité d'excitation au début de la demi-période positive, c'est à dire l'intensité à $0°$.

I_p. — Intensité d'excitation à la fin de la demi-période positive, c'est à dire l'intensité positive maximum obtenue au temps $\dfrac{T}{2}$.

I_n. — Intensité d'excitation négative maximum, c'est à dire l'intensité obtenue au début de la demi-période négative au temps $\dfrac{T}{2}$, dès que les spires ondulantes sont introduites dans le circuit inducteur.

I_{on}. — Intensité d'excitation à la fin de la demi-période négative, c'est à dire au temps T.

T. — Le temps périodique.

c. — La résistance ohmique du circuit inducteur.

r. — La résistance ohmique du circuit induit.

d. — La résistance ohmique des spires ondulantes :

$$d = \frac{cn}{N}.$$

R. — La résistance totale du circuit inducteur et du circuit induit $= c + r$.

i_m. — Intensité initiale maximum. C'est la fraction d'ampère qui correspond à la variation du flux dans le circuit magnétique. Cette intensité obtenue au temps $\dfrac{T}{2}$, a pour expression, en considérant la résistance ohmique comme négligeable devant l'inductance :

$$i_m = \frac{ET}{2L}.$$

N. — Le nombre des spires excitatrices.

n. — Le nombre des spires ondulantes.

NI_p. — Le nombre qui exprime les ampères-tours.

$x.$ — La somme $N + n$.

$A.$ — Le rapport $\dfrac{i_{\text{m}}}{I_{\text{p}}}$.

$M.$ — La réactance apparente produite pendant la demi-période négative par la force contre-électromotrice E_{n}. Cette réactance apparente fait l'effet d'une résistance qui absorbe la plus grande partie de l'énergie potentielle accumulée pendant la demi-période positive ; cette énergie étant d'ailleurs employée à faire fonctionner la machine comme moteur.

M a pour valeur : $M = \dfrac{E_{\text{n}}}{I_{\text{n}}}$.

Tout d'abord, examinons ce qui se passe dans un alternateur excité en dérivation, et fonctionnant en circuit extérieur ouvert. Considérons la machine en marche.

Pendant la demi-période positive (période de charge), une certaine somme d'énergie potentielle est accumulée dans le circuit magnétique ; la résistance ohmique totale R absorbe, elle aussi, une certaine somme d'énergie.

L'intensité d'excitation passe d'une certaine valeur I_{op}, qu'elle avait au temps O^{o}, à une nouvelle valeur I_{p}, qu'elle atteint au temps $\dfrac{T}{2}$. Or, et c'est là précisément le point principal sur lequel nous voulons attirer l'attention, nous supposons que la différence entre I_{op} et I_{p} est négligeable. Autrement dit, à titre de simplification, nous faisons $I_{\text{op}} = I_{\text{p}}$.

Cette hypothèse se justifie parfaitement en pratique, lorsque le coefficient de self-induction L du circuit inducteur est très grand, ce qui est le cas ordinaire pour un alternateur excité en dérivation. La variation du flux, en effet, est très faible, l'intensité i_{m} est une fraction d'ampère, et on a sensiblement $I_{\text{op}} = I_{\text{p}}$.

En un mot, cette hypothèse revient à considérer le courant d'excitation comme un courant *constant* et *permanent* pendant la demi-période positive.

Pendant la demi-période négative (période de décharge), l'énergie potentielle accumulée retourne en partie à la machine, qui fonctionne alors comme moteur ; une partie de cette énergie est absorbée par la résistance ohmique $R + d$.

L'intensité d'excitation passe de la valeur I_n à la valeur I_{on}, mais, lorsqu'il n'y a pas de spires ondulantes, ou que leur nombre est insuffisant, la valeur I_{on} est atteinte *avant* que la demi-période négative soit achevée. Dans ce cas, le courant d'excitation est forcément alternatif, et la machine ne peut s'amorcer. Pour que le courant soit continu dans le circuit inducteur, il faut que la résistance ohmique R soit rigoureusement *nulle*, dans le cas où il n'y a pas de spires ondulantes. La résistance ohmique *nulle* est une conception purement théorique et imaginaire ; la résistance ohmique est une valeur toujours réelle. Par suite, il faut nécessairement qu'un certain nombre de spires supplémentaires soient ajoutées au circuit inducteur pendant la période de décharge, si l'on veut obtenir un courant continu dans ce circuit. Le nombre de ces spires supplémentaires est en rapport direct avec la valeur des résistances ohmiques.

Comme pour la période de charge, nous admettons $I_n = I_{on}$ (1). De plus, l'introduction des spires supplémentaires dans le circuit d'excitation nous conduit à faire une nouvelle hypothèse. Nous supposons que l'introduction ou la suppression des spires n'entraîne aucune perte de flux ; autrement dit, que cette action a lieu *sans étincelle*. Dans ces conditions, il est facile de connaître la valeur de I_n, lorsqu'on connaît celle de $N + n$ ou x, on a simplement $I_n = \dfrac{NI_p}{x}$.

En pratique, cette dernière hypothèse se justifie parfaitement, car le rapport $\dfrac{n}{N}$ est toujours relativement très petit.

---

(1) « La quantité totale d'électricité correspondant à l'extra-courant est égale à la quantité d'électricité fournie par le courant permanent $\dfrac{E}{R}$ pendant un temps égal à $\dfrac{L}{R}$. »

(Voir HOSPITALIER, *Traité de l'Énergie électrique*, page 460.)

et dans ce cas on peut dire que l'induction mutuelle s'oppose à la production des étincelles.

Appelons constante de temps d'excitation le rapport $\dfrac{LA}{M}$.

C'est le temps qui correspond théoriquement à la moitié du temps périodique.

Cas théorique. — $R = 0$ — $I_p = I_n$ $\qquad \dfrac{LA}{M} = \dfrac{T}{2}$.

Le courant qui circule dans le circuit d'excitation est un courant continu ondulatoire. Par suite $n = 0$.

Cas pratique. — On a $R > 0$. Le rapport $\dfrac{LA}{M}$ devient :

$$\frac{\dfrac{LA(E-RI_p)}{E}}{R+M}.$$

Ce rapport est plus petit que $\dfrac{T}{2}$. Si nous ne le modifions pas, le courant sera alternatif.

Pour obtenir un courant continu, il faut avoir nécessairement :

$$\frac{\dfrac{LA(E-RI_p)}{E}}{R+M} = \frac{T}{2} \qquad (I).$$

Il faut donc augmenter le coefficient de self-induction d'une certaine quantité. Pour cela, il nous suffit d'augmenter le nombre des spires du circuit inducteur. Posons $L = BN^2$, le nouveau coefficient de self-induction sera $L' = B(N+n)^2$.

L'augmentation de L aura pour conséquence de rendre I_n plus petit que I_p, car pour un même nombre d'ampères-tours, on a $I_n = \dfrac{NI_p}{N+n}$.

Le rapport (I) devient alors :

$$\frac{\dfrac{AB(N+n)^2(E-RI_p)}{E}}{R+d+M} = \frac{T}{2} = \frac{AB\,x^2(E-RI_p)}{E\left(R+\dfrac{cn}{N}+M\right)} = \frac{AB\,x^2(E-RI_p)}{E\left\{R+\dfrac{c(x-N)}{N}+\dfrac{Ex}{NI_p}\right\}}$$

d'où il est facile de tirer la valeur de x, quand on connaît les termes I_p, R, T, N, E, i_m ou L.

On peut encore arriver au même résultat d'une manière plus simple, en considérant la somme d'énergie fournie par la machine pendant un certain nombre de demi-périodes positives, et la somme d'énergie qui retourne à la machine pendant le même nombre de demi-périodes négatives. On a, en effet, toujours en admettant l'hypothèse d'un courant *permanent*, l'équation simple :

$$t \left(EI_p - RI_p^2 \right) \text{ joules} = t \left((R + d) E_a + EI_a \right) \text{ joules}.$$

Et, en remplaçant I_a et d par leurs valeurs :

$$I_p (E - RI_p) = \frac{N^2 E_p^2}{x^2} \left\{ R + \frac{c (x - N)}{N} \right\} + \frac{ENI_p}{x} \tag{II},$$

d'où il est facile de tirer la valeur de x quand on connaît E, NI_p, R.

On a supposé, dans tout ce qui précède, que le circuit magnétique était un circuit à perméabilité constante ; de plus, que le fer était convenablement lamellé, de manière à rendre les courants de Foucault négligeables. On n'a pas tenu compte non plus de la variation du flux, le calcul n'est donc qu'approximatif, et applicable seulement au cas où le coefficient L est très grand.

On a vu que nous avions négligé dans le calcul l'action produite par le coefficient de self-induction du circuit induit. Cette action peut être considérable dans certains cas. En fait, l'expérience et la pratique prouvent qu'il faut toujours un nombre de spires ondulantes un peu supérieur au chiffre obtenu par le calcul précédent. Même en tenant compte de l'épaisseur de la surface frottante des balais sur leur collecteur, on trouve encore un nombre de spires ondulantes plus élevé que celui indiqué par le calcul ; à notre avis, la self-induction du circuit induit doit produire, pendant la demi-période négative, une augmentation du flux inducteur, et par suite de I_n.

Application numérique. — Un alternateur de 15 kilowatts,

à flux ondulé et à circuit inducteur unique, débite 150 ampères à la tension de 100 volts et à la vitesse de 800 tours à la minute.

Cet alternateur contient six pôles inducteurs, et est excité par une dérivation prise sur le circuit général. Le nombre des ampères-tours égale 3,600 à pleine charge. On admet pour l'intensité d'excitation le dixième de l'intensité totale. La densité du courant dans le circuit inducteur égale 1 ampère. Le diamètre du noyau de fer inducteur égale 30 centimètres. La longueur de la bobine excitatrice est de 15 centimètres. Son diamètre moyen égale 33 centimètres. La longueur moyenne d'une spire excitatrice égale 1 mètre. Le fil inducteur employé a comme diamètre 0^m0044.

La bobine excitatrice se compose de 8 couches de 30 spires chacune.

Le diamètre de la partie mobile (inducteur tournant), atteint 50 centimètres.

Il y a douze bobines induites sur la machine, traversées chacune par un noyau en fer lamellé.

L'entrefer égale 3 millimètres.

Les bobines induites sont reliées en tension et sont fixes. Elles ont comme largeur 0^m133, et comme hauteur 0^m088. Elles ne contiennent chacune que 4 spires formées d'un mince ruban de cuivre de 40 millimètres carrés de section.

Le diamètre total de la machine est compris entre 70 et 75 centimètres.

On demande quel est le nombre des spires ondulantes nécessaires pour exciter cet alternateur.

On a, d'après ce qui précède, les données suivantes :

$E = 100$ volts.

$I_p = 15$ ampères.

$T = 0$ seconde 0125.

$N = 30 \times 8 = 240$.

$NI_p = 3600$.

$$c = \frac{1 \times 240}{950} = 0 \text{ ohm } 25.$$

$$r = 0,50 \times 4 \times 12 = 24 \text{ mètres}, \quad \frac{1 \times 24}{2500} = 0 \text{ ohm } 01 \text{ environ.}$$

$$R = 0,25 + 0,01.$$

La résistance de l'induit étant très faible, comparativement à celles de l'inducteur, nous pourrons la négliger et remplacer dans les formules c par R. Nous aurons alors, en appliquant la formule (II) :

$$I_p (E - RI_p) = \frac{N^2 I_p^2}{x^2} \left\{ R + \frac{R (x - N)}{N} \right\} + \frac{ENI_p}{x}$$

$$I_p (E - RI_p) = \frac{N^2 I_p^2}{x^2} \left\{ R + \frac{R x}{N} - R \right\} + \frac{ENI_p}{x}$$

$$I_p (E - RI_p) = \frac{RNI_p^2}{x} + \frac{ENI_p}{x}$$

$$x = \frac{N (E + RI_p)}{E - RI_p} = \frac{240 \times 103,75}{96,25} = \frac{240 \times 83}{77}.$$

$x = 258,7$, ou en chiffres ronds, 260 spires.

On a, par suite : $n = 260 - 240 = 20$ spires ondulantes.

Le rapport $\dfrac{n}{N} = \dfrac{20}{240} = 8,33$ pour cent.

On enroulera directement sur le noyau une seule couche de spires. Les huit couches excitatrices pourront être fixes.

Le poids de cuivre des spires excitatrices $= 32^k 4$ ⎫ Total
Le poids de cuivre des spires ondulantes $= \ 2^k 7$ ⎬ $35^k 1$

Nous allons indiquer, à titre de comparaison, les éléments de fonctionnement d'un alternateur construit par nous, et qui est employé chaque jour à l'éclairage de notre maison d'habitation.

*Éléments de fonctionnement d'un alternateur de 1,500 watts
à flux ondulé et à circuit inducteur unique excité en shunt.*

Puissance en watts...................................... 1.500
Intensité en ampères.................................... 15
Tours par minute.. 1.750
Nombre de pôles inducteurs............................. 4
   —   de bobines induites............................ 8
Diamètre du noyau inducteur en millimètres..... 110
   —   de la partie mobile........................ 220
   —   intérieur ou alésage de la partie fixe.... 224
Section transversale d'une bobine-fer induite en
   millimètres carrés : 80×25.................... 2.000
Épaisseur de l'entrefer en millimètres.......... 2×2
Section d'un entrefer : 80×50................ 4.000
Longueur des entrepôles à la périphérie......... 90
Profondeur des entrepôles....................... 45
Nombre des spires excitatrices.................. 700
   —   des *spires ondulantes*..................... 123
Résistance des spires excitatrices en ohms...... 1
   —   de l'induit en ohms................. 0,25
Nombre des spires induites : 45×8............ 360
Intensité d'excitation en ampères, $I_p =$.......... 5
Densité du courant dans le fil inducteur en ampères 1
   —   —   —   induit   —   4
Puissance en watts absorbée par l'excitation..... 25
Puissance moyenne en watts absorbée par la résis-
   tance de l'induit.................................. 63
Poids de cuivre total sur la machine en kilog..... 20
Hauteur de la machine........................... 310
Longueur de la machine.......................... 650
Poids total de la machine en kilog.............. 125

Forme du courant dans le circuit extérieur : L'alternateur fournit, dans le circuit extérieur, du courant alternatif discoulombé *positivement* (1) de 2,3 %

$$rI_p = 0,25 \times 5 = 1,25$$
$$rI_n = 0,25 \times 4,25 = 1,0625$$

La tension positive aux bornes égale....... $+$ 98,75
La tension négative aux bornes égale...... $-$ 101,0625
Rendement électrique moyen à pleine charge
(ohmique).. 94,45%

Rendement industriel. — Mesures prises par comparaison à l'aide d'un frein de Prony placé sur la poulie de la turbine qui commande la dynamo par une courroie.

Le rendement est compris entre 70 et 75 %, suivant la charge.

Dans cet alternateur destiné à fonctionner, soit comme moteur, soit comme générateur, le noyau inducteur cylindrique en fer forgé a été creusé à la fraise de larges et profondes cannelures rectangulaires qui donnent au cylindre l'aspect d'un cylindre cannelé. On a ensuite rempli les cannelures par des paquets de tôles minces isolées. Dans les grandes machines, le cylindre cannelé serait évidemment fait en acier doux coulé. D'ailleurs, pour un alternateur destiné à fonctionner seulement comme génératrice, nous ne pensons pas qu'il soit nécessaire de lameller le noyau inducteur lorsque la variation du flux est très faible, c'est à dire lorsque i_m est très petit. — Voir pour la forme de cet alternateur à induit-fer la page 667 du traité de Thompson. (*Machines dynamos.*)

(1) N. B. — Nous appelons courant discoulombé *positivement,* un courant dont la tension positive est plus petite que la tension négative, et courant discoulombé *négativement,* un courant dont la tension positive est plus grande que la tension négative.

Influence de l'induction mutuelle dans la variation périodique des spires d'une bobine d'induction.

L'induction mutuelle joue un grand rôle dans la variation périodique du nombre des spires d'une bobine d'induction. Si, par exemple, nous avons au temps $\dfrac{T}{2}$ un flux produit par 3,000 ampères-tours, et que nous venions à supprimer ou à ajouter, à cet instant précis, 1 % du nombre des spires totales, il y aura encore sensiblement le même flux après comme avant la variation. Les ampères-tours se trouveront distribués en un plus ou moins grand nombre de spires, et l'intensité se trouvera ou augmentée ou diminuée, suivant que le nombre des spires, sera ou diminué, ou augmenté.

Si, au contraire, nous venons à supprimer au temps $\dfrac{T}{2}$ la *totalité* des spires de la bobine, le flux tout entier disparaîtra, l'énergie potentielle accumulée apparaîtra presque tout entière dans l'étincelle de rupture appelée extra-courant.

Or, si nous suivons successivement, avec l'extrémité d'un des deux fils qui communiquent avec les pôles de la pile, toutes les spires d'une bobine d'induction enroulée d'une seule couche de fil (nu à l'extérieur), nous constaterons une *progression* frappante dans la force, la violence et l'éclat des étincelles, produites chaque fois que nous écarterons ce même fil de l'extrémité de la bobine, l'autre fil communiquant d'ailleurs avec l'autre extrémité d'une façon permanente.

Le mot progression doit s'entendre ici comme on l'entend ailleurs pour l'impôt sur le revenu.

Dans l'alternateur de 1,500 watts cité plus haut, les spires ondulantes sont enroulées à l'extérieur de la bobine excitatrice. Il eût été préférable de les *noyer* dans la masse des spires excitatrices, de manière à rendre l'action de l'induction mutuelle la plus grande possible. Des considérations pratiques de construction nous ont conduits à enrouler les spires supplémentaires à l'extérieur.

Le rapport $\dfrac{n}{N}$ atteint 17,57 % dans l'alternateur de 1,500 watts; I_p étant égale au tiers de l'intensité utile $\dfrac{5}{15} = \dfrac{1}{3}$.

Pour l'alternateur de 15,000 watts, $\dfrac{n}{N} = 8,33$ %, I_p égale le dixième de l'intensité utile $\dfrac{15}{150} = \dfrac{1}{10}$. Le flux est beaucoup plus fort que dans l'alternateur de 1,500, par contre $\dfrac{n}{N}$ est plus petit, l'action de l'induction mutuelle se fait beaucoup plus sentir que dans le premier cas. On peut donc dire qu'il est à peu près aussi facile d'exciter, sans étincelle apparente, un gros alternateur qu'un petit.

Excitation en circuit extérieur fermé.

Il y a deux cas à considérer : 1° Lorsque la résistance ohmique du circuit inducteur est beaucoup plus grande que celle du circuit induit, l'intensité d'excitation est relativement faible ; 2° lorsque la différence entre c et r est légère, ou mieux lorsque la valeur de r est grande comparativement à celle de c, l'intensité d'excitation est relativement plus forte que dans le premier cas.

I. — Excitation en dérivation à faible intensité.

(L très grand, I_p très petit, c très grand.)

Ce genre d'excitation, qui est celui adopté pour les alternateurs de 1,500 et 15,000 watts étudiés plus haut, présente tous les caractères de la dynamo-Shunt à courants continus. La tension aux bornes baisse à mesure que le débit augmente. Toutefois, la chute de potentiel due à la réaction d'induit paraît être relativement plus forte que celle que l'on observe sur les machines à courant continu. D'ailleurs, les alternateurs à fer dans l'induit présentent, sous ce rapport, un désavantage sur les alternateurs sans fer, car les ampères-tours inducteurs sont plus faibles dans le premier que dans le second cas.

II. — Excitation en dérivation à grande intensité.

(L petit, I_p très grand, c petit.)

Cette forme d'excitation est de beaucoup la plus intéressante. Nous allons voir qu'elle permet, dans certains cas, l'auto-régulation du débit, et même l'augmentation de la tension aux bornes lorsque le débit augmente.

Lorsqu'on ferme le circuit extérieur sur une bobine d'induction dont la constante de temps est très grande (L$_b$ très grand, de l'ordre de grandeur de L ; la résistance ohmique H étant plutôt plus faible que c), *on constate une augmentation remarquable de l'excitation,* et, par suite, de la force électromotrice produite par la machine.

Cette action est d'autant plus sensible que la résistance ohmique du circuit induit r est *plus forte.* Il est facile d'expliquer ce phénomène. En réalité, c'est la résistance ohmique r qui produit un courant différentiel dans le circuit extérieur. Si r pouvait être nul, le courant serait alternatif équicoulombé dans le circuit extérieur, la tension positive aux bornes étant égale à la tension négative.

Nous avons vu que le terme r intervient dans le calcul de l'excitation. Il fait partie du symbole R, le plus important des formules (I) et (II), établies ci-dessus. Si r peut être négligé pour un alternateur de la première catégorie, où I$_p$ est relativement très petit, il n'en est pas de même pour un alternateur de la seconde catégorie, dont l'intensité d'excitation est beaucoup plus forte. Dans ce dernier cas, en effet, le courant extérieur est beaucoup plus discoulombé que dans le premier.

La présence de la bobine d'induction a pour effet de *diminuer* le courant qui circule dans l'armature. Il se produit un échange remarquable d'énergie potentielle entre le circuit d'excitation et la bobine d'induction. Dans tous les cas, il est nécessaire que la constante de temps de la bobine d'induction soit suffisamment grande pour que le courant reste continu dans cette bobine.

Nous avons vu que quand le courant est discoulombé *positivement, la tension négative aux bornes est plus grande que la tension positive.* Or, si l'intensité qui circule dans l'armature diminue, la différence entre la tension positive et la tension négative diminuera également ; autrement dit, le courant produit dans le circuit extérieur sera moins discoulombé. Il s'ensuit qu'il y aura augmentation de l'excitation et par suite de la force électromotrice.

Il peut donc y avoir auto-régulation avec ce système, mais

à condition qu'on prenne sur la canalisation du courant continu en même temps que du courant alternatif.

Nous pensons qu'on pourrait en faire l'application à un éclairage par lampes à arc en dérivation ou en série. La bobine en dérivation qui sert dans chaque lampe à la régulation de l'arc serait traversée par un courant continu.

Il est facile d'établir une formule simple qui fasse connaître les diverses intensités positives et négatives qui circulent dans les différents circuits ; extérieur, armature ou bobine d'induction, quand on connaît les résistances ohmiques. Le problème est encore simplifié quand on fait les hypothèses que nous avons faites pour le calcul de l'excitation.

Supposons, en effet, que le courant qui circule dans la bobine d'induction est constant et permanent, ce qui, en pratique, est sensiblement vrai lorsque L_b est suffisamment grand. Si la bobine d'induction contient du fer lamellé, il faut nécessairement que la courbe d'induction ne dépasse pas le genou de la caractéristique, si l'on veut considérer le circuit magnétique comme un circuit à perméabilité à peu près constante. Faisons donc cette nouvelle hypothèse, et adoptons les notations suivantes :

$\mathcal{E}_p$. — Tension positive aux bornes de la machine.

$\mathcal{E}_n$. — Tension négative aux bornes de la machine.

a_p. — Intensité efficace positive dans l'armature.

a_n. — Intensité efficace négative dans l'armature.

b. — Intensité efficace dans la bobine d'induction.

x_p. — Intensité efficace positive dans le circuit extérieur.

x_n. — Intensité efficace négative dans le circuit extérieur.

G. — Résistance ohmique extérieure.

H. — Résistance ohmique de la bobine d'induction.

1° Quand le circuit extérieur est ouvert, c'est à dire quand la machine est simplement fermée sur la bobine d'induction, on a simplement les équations :

$$I_p = a_p + b \qquad I_n = a_n + b \qquad 2bH = r(a_p + a_n)$$
$$\mathcal{E}_p = E - ra_p \qquad \mathcal{E}_n = E + ra_n \ .$$

d'où il est facile de connaître les valeurs de a_p, a_n, b, quand on connaît celles des termes I_p, I_n, H, r.

Exemple numérique :

En circuit ouvert, l'intensité positive d'excitation d'un alternateur, à une vitesse donnée, égale 5 ampères : $I_p = 5$ Le rapport $\dfrac{n}{N}$ de cet alternateur égale $\dfrac{1}{4}$, par suite : $I_n = 4$ ampères. La résistance ohmique de l'armature $r = 0$ ohm 5. On ferme le circuit sur une bobine d'induction dont le coefficient de self-induction L_b est suffisamment grand pour que le courant b soit continu. La résistance ohmique de cette bobine ne dépasse pas 0 ohm 1. $H = 0,1$. On demande les valeurs de a_p, a_n et b.

On a : $\quad 5 = a_p + b, \qquad 4 = a_n + b, \qquad \dfrac{2b}{10} = \dfrac{a_p + a_n}{2}$

$$a_p + a_n = 9 - 2b = \frac{4b}{10}$$

$$b = \frac{15}{4} = 3 \text{ ampères } 75, \quad a_p = 1,25, \, a_n = 0,25.$$

Si $E = 100$, on a $\mathcal{E}_p = 100 - \dfrac{1,25}{2} = 99$ volts 375

$$\mathcal{E}_n = 100 + \frac{0,25}{2} = 100 \text{ volts } 125$$

$$\mathcal{E}_n - \mathcal{E}_p = 0 \text{ volt } 75.$$

Dans le cas où il n'y a pas de bobine d'induction, on a
$$a_p = 5, \qquad a_n = 4$$
$$\mathcal{E}_p = 100 - \frac{5}{2} = 97,5$$
$$\mathcal{E}_n = 100 + \frac{4}{2} = 102 \qquad \mathcal{E}_n - \mathcal{E}_p = 4 \text{ volts } 5.$$

On voit par ces résultats quel est l'effet de la bobine d'induction. — La différence entre la tension positive et la tension négative est réduite de 4 volts 5 à 0 volt 75. Il est facile de comprendre que l'excitation doit nécessairement augmenter quand on augmente la tension positive aux bornes, ou quand on diminue la tension négative.

Il suffit de jeter un coup d'œil sur les formules pour voir que les résistances ohmiques r et H jouent un rôle très important dans l'effet produit. Le courant est d'autant moins discoulombé que H est plus petit par rapport à r. A la limite, pour H $=$ O, le courant est équicoulombé, $b = \dfrac{I_p + I_n}{2} = 4,5$

$$a_p = + 0,5 \qquad a_n = - 0,5 \qquad \mathcal{E}_p = 100 - 0,25 = 99,75$$
$$\mathcal{E}_n = 100 - 0,25 = 99,75$$

2° Quand le circuit extérieur est fermé sur une résistance ohmique en même temps que sur une bobine d'induction à grande constante de temps, pour connaître les intensités positives et négatives extérieures, il faut que nous introduisions les termes x_p et x_n dans les formules ci-dessus énoncées. On a les équations :

$$2b\mathrm{H} = r(a_p - a_n) = \mathrm{G}x_n - \mathrm{G}x_p$$
$$\mathrm{G}x_p = \mathcal{E}_p = \mathrm{E} - ra_p \qquad \mathrm{G}x_n = \mathcal{E}_n = \mathrm{E} - ra_n$$
$$x_p = a_p - \mathrm{I}_p + b \qquad x_n = a_n + \mathrm{I}_n - b$$

d'où il est facile de tirer les valeurs de b, a_p, a_n. x_p, x_n, $\mathcal{E}_p$, $\mathcal{E}_n$, quand on connaît celles des termes E, r, G, H, I_p, I_n.

Exemple numérique :

En circuit fermé, l'intensité positive d'excitation d'un alternateur, à une vitesse donnée, égale 5 ampères, $I_p = 5$. Le rapport $\dfrac{n}{\mathrm{N}}$ de cet alternateur égale $\dfrac{1}{4}$, par suite, $I_n = 4$ ampères. La résistance ohmique de l'armature égale $r = 0$ ohm 5 ; on ferme le circuit d'une part sur une bobine d'induction dont le coefficient de self-induction L_b est suffisamment grand pour que le courant b soit toujours continu ; d'une autre part, sur un groupe de lampes à incandescence dont la résistance ohmique totale est de 5 ohms, G $= 5$; la résistance ohmique de la bobine d'induction ne dépasse pas 0 ohm 1, H $= 0,1$. On demande les valeurs de b, a_p. a_n, x_p. x_n, $\mathcal{E}_p$, $\mathcal{E}_n$. La force électromotrice produite par la machine égale 100 volts.

On a : $\quad a_p = x_p + \mathrm{I}_p - b \qquad a_n = x_n - \mathrm{I}_n + b$
$$a_p - a_n = x_p - x_n + \mathrm{I}_p + \mathrm{I}_n - 2b.$$
$$x_p - x_n = \frac{ra_n - ra_p}{\mathrm{G}}$$

$$a_p - a_n - \frac{ra_n - ra_p}{G} = I_p + I_n - 2\,b.$$

$$G\,(a_p - a_n) + r\,(a_p - a_n) = G\,(I_p + I_n - 2b)$$

$$(a_p - a_n)\,(G + r) = G\,(I_p + I_n - 2b)$$

$$a_p - a_n = \frac{G\,(I_p + I_n - 2b)}{G + r}.$$

d'où :
$$2b\mathrm{H} = \frac{Gr\,(I_p + I_n - 2b)}{G + r}$$

$$b = \frac{25 \times 9 - 50b}{2 \times 5,5}$$

$$61\,b = 225 \qquad b = \frac{225}{61} = 3 \text{ ampères } 688.$$

On a :
$$\frac{E - ra_p}{G} = a_p - I_p + b \qquad a_p\,(G + r) = E + G\,(I_p - b)$$

$$a_p = \frac{100 + 25 - \dfrac{1125}{61}}{5,5} = \frac{13.000}{671} = 19 \text{ ampères } 374.$$

$a_n = 17$ ampères 898.

$x_p = 19,374 + 3,688 - 5 = 18$ ampères 062.

$x_n = 17,898 + 4 - 3,688 = 18$ ampères 210.

$\mathcal{E}_p = 5\,x_p = 90$ volts 310.

$\mathcal{E}_n = 5\,x_n = 91$ volts 050.

$\mathcal{E}_n - \mathcal{E}_p = 0$ volt 74.

Dans le cas où il n'y a pas de bobine d'induction, on a :

$$x_p = a_p - I_p \qquad x_n = a_n + I_n$$

$$x_p = \frac{E - ra_p}{G} \qquad x_n = \frac{E - ra_n}{G}$$

$a_p = 22$ ampères 727 $\qquad x_p = 17$ ampères 727

$a_n = 14$ ampères 545 $\qquad x_n = 18$ ampères 545

$\mathcal{E}_p = 88$ volts 635 $\qquad \mathcal{E}_n = 92$ volts 725

$$\mathcal{E}_n - \mathcal{E}_p = 92,725 - 88,635 = 4,090$$

On voit par ces résultats quel est l'effet de la bobine d'induction. La différence entre la tension positive aux bornes et la tension négative est réduite de 4 volts 09 à 0 volt 74. Il y aura donc, comme dans le premier cas, augmentation de l'excitation.

On n'a pas tenu compte, dans le calcul, de la réaction

d'induit ni de la variation du flux dans la bobine et dans le circuit inducteur. C'est pour cette raison que, en général, les alternateurs à faible intensité excitatrice ne présentent pas sensiblement l'augmentation d'excitation indiquée par le calcul ci-dessus. Si on veut constater ce phénomène sur un alternateur de la première catégorie, on est obligé d'ajouter une résistance ohmique à la résistance de l'armature, de manière à discoulomber davantage le courant produit dans le circuit extérieur.

D'ailleurs, on doit remarquer que la tension moyenne aux bornes, indiquée par le calcul, est la même avec ou sans la bobine d'induction.

On a, en effet, dans le cas du circuit ouvert :

$$\text{Volts aux bornes avec la bobine} = \frac{99,375 + 100,125}{2} = 99,75$$

$$\text{Volts aux bornes sans la bobine} = \frac{97,5 + 102}{2} = 99,75$$

et dans le cas du circuit extérieur fermé :

$$\text{Volts aux bornes avec la bobine} = \frac{90,310 + 91,050}{2} = 90,68$$

$$\text{Volts aux bornes sans la bobine} = \frac{88,635 + 92,725}{2} = 90,68$$

Il y aura donc augmentation de l'excitation et de la force électromotrice produite par la machine, même dans le cas où la réaction d'induit serait telle que la tension moyenne aux bornes ne puisse pas augmenter.

Autrement dit, si à un moment donné nous allumons un certain nombre de lampes, et si nous fermons en même temps le circuit sur une bobine d'induction convenable, nous constaterons, suivant la grandeur du coefficient de self-induction de l'armature, soit une augmentation, soit une diminution de la tension moyenne aux bornes, et dans les deux cas, il pourra y avoir augmentation de l'excitation, et par suite de la force électromotrice.

L'effet produit par la bobine d'induction est une *réduction apparente* de la résistance intérieure de la machine; on conçoit facilement que, si cette résistance est grande comparativement à celle du circuit excitateur, il y aura *augmentation apparente* du nombre des spires ondulantes lorsqu'on fermera le circuit sur la bobine d'induction.

Réaction d'induit.

M. Sylvanus P. Thompson s'exprime ainsi, à la page 639 de son *Traité des machines dynamos :* « Quand des alternateurs sont destinés à alimenter des lampes à incandescence sous potentiel constant, soit directement à bas voltage soit par l'entremise de transformateurs à haut voltage, on les construit ordinairement avec une résistance d'induit et un *coefficient de self-induction* si faibles qu'elles seraient presque auto-régulatrices sans *l'action démagnétisante* des courants d'induit. Cette dernière influence peut être considérable, *et son effet est tout à fait analogue à celui de la self-induction* ». A la fin de cette page, le professeur ajoute : « *L'action démagnétisante* des courants d'induit a été étudiée par Esson. » Et enfin, à la page suivante, on lit sur le même sujet : « Swinburne a également étudié les *réactions d'induit.* »

Voilà donc trois termes : *self-induction des bobines induites ; action démagnétisante des courants d'induit ; réaction d'induit,* employés pour indiquer le même effet produit. Or, dans une machine à courant continu, les termes : *self-induction des spires induites* et *réaction d'induit* ont leur signification bien précise et bien déterminée. Mais, dans un alternateur, doit-on ajouter l'un à l'autre les deux effets produits par la self-induction et par la réaction d'induit, ou bien ces deux effets se confondent-ils, et sont-ils identiques? Nous désirerions être fixés à ce sujet ; car pour un alternateur à excitation par spires variables, l'intensité qui circule dans le circuit inducteur nous paraît, d'après nos expériences, ne pas devoir entrer dans la somme des ampères qui produisent une action démagnétisante, dite réaction d'induit. A notre avis, *seule, la fraction d'ampère* (1) nécessaire à la variation du flux dans le circuit inducteur, intervient pour produire une action démagnétisante dans l'induit, lorsque la machine marche en circuit extérieur ouvert.

Il faut, bien entendu, ajouter à cette fraction d'ampère l'intensité absorbée par les courants de Foucault produits dans le noyau inducteur. Pendant la demi-période positive, l'intensité nécessaire aux courants de Foucault est fournie par la machine directement, tandis que pendant la demi-période négative, cette intensité est empruntée à l'énergie potentielle accumulée dans le circuit magnétique.

En circuit extérieur fermé, on doit naturellement compter, comme produisant une action démagnétisante, les ampères produits dans une résistance ohmique sans self-induction ; mais pour une résistance possédant une grande self-induction, on ne doit compter, pour la réaction d'induit, que l'intensité nécessaire à la variation du flux, le courant principal étant dans ce cas un courant continu.

Il est intéressant de relever à l'électro-dynamomètre les intensités qui circulent, soit dans le circuit extérieur, soit dans le circuit induit de la machine. Nous allons indiquer une partie des résultats que nous avons trouvés sur l'alternateur de 1,500 watts décrit plus haut.

1° Rapport $\dfrac{n}{N} = \dfrac{3}{17} = \dfrac{123}{697}$.

L'intensité excitatrice indiquée est comprise entre 4,5 et 4,75. Les volts aux bornes = 100.

Intensité dans l'induit.	Intensité dans le circuit extérieur.
6,25 ampères.	5 ampères.
11 —	10 —
15,75 —	15 —

2° Rapport $\dfrac{n}{N} = \dfrac{7}{13} = \dfrac{7 \times 41}{13 \times 41} = \dfrac{287 \text{ spires}}{533 \text{ spires}}$.

(1) C'est l'intensité dont nous avons désigné le maximum par le symbole i_m.

L'intensité excitatrice indiquée est comprise entre 7 et 7,25 ampères. La tension est maintenue à 100 volts aux bornes, comme dans le premier cas, en faisant varier la vitesse de la machine suivant le débit.

Intensité dans l'induit.	Intensité dans le circuit extérieur.
9,25 ampères.	7 ampères.
13 —	11 —
16,75 —	15 —

Le calage des balais était le même pour les deux expériences et pour tous les débits. Il avait été fixé pour le débit maximum normal, de manière à obtenir la plus grande tension aux bornes avec la vitesse minimum.

Ce calage est d'environ 45° en avance sur la ligne neutre. Pour la première série des résultats $\left(\text{rapport } \dfrac{n}{N} = \dfrac{3}{17}\right)$, il n'y a aucune étincelle apparente aux balais, quel que soit le débit ; mais il n'en est pas de même pour la deuxième série. Lorsque le nombre des spires ondulantes atteint 287 pour 533 spires excitatrices, les étincelles apparaissent assez fortes aux balais, et il est impossible de trouver un calage sans étincelles. On remarquera que pour ce cas, le nombre des ampères-tours d'excitation est supérieur à ce qu'il est en marche normale, c'est à dire avec le rapport $\dfrac{n}{N} = \dfrac{123}{697}$, et cependant, à pleine charge, la diminution de vitesse obtenue, par rapport à la marche normale, ne dépasse pas 200 tours pour la même tension aux bornes.

On a tout avantage, en pratique, à adopter le rapport $\dfrac{123}{697}$ au lieu du rapport $\dfrac{287}{533}$, bien que le premier enroulement exige une vitesse supérieure. Le fonctionnement des balais est parfait dans le premier cas, tandis que dans le second cas, il laisse beaucoup à désirer. De plus, le rendement est augmenté, les courants de Foucault sont moindres dans le noyau inducteur, avec un plus petit nombre de spires ondulantes. La différence entre la vitesse à circuit ouvert et la vitesse à pleine charge, pour une même tension aux bornes, devient aussi notablement plus faible quand on diminue le rapport $\dfrac{n}{N}$.

Il est facile de voir, en examinant les résultats donnés ci-dessus, que la puissance absorbée par les courants de Foucault dans le noyau inducteur ne dépasse pas 50 watts, dans l'un comme dans l'autre cas. Nous admettons, en effet, que l'intensité des courants de Foucault est d'environ 0 ampère 5. Elle serait un peu plus forte dans le second cas que dans le premier.

En calculant le nombre des spires ondulantes nécessaires pour l'excitation, et pour des intensités d'excitation différentes, on reconnaît que le rapport $\dfrac{n}{N}$ est d'autant plus petit que l'intensité d'excitation admise est plus forte.

Or, si les ampères d'excitation (1) n'entrent pas dans la somme des ampères qui contribuent à l'action démagnétisante, il est évident qu'on a tout intérêt à employer la plus grande intensité d'excitation possible ; mais il ne faut pas perdre de vue que, plus I_p est grand, plus L est petit, et par suite, la variation du flux augmente considérablement au fur et à mesure que i_m croît. Les courants de Foucault absorbent une puissance d'autant plus forte que L est plus petit, et en pratique, l'augmentation de l'intensité d'excitation se trouve rapidement limitée par ce fait, qu'il est difficile de construire un noyau inducteur cylindrique parfaitement lamellé.

Nous donnons ci-dessous les courbes de sinus se rapportant à un alternateur dont la résistance de l'induit est théoriquement nulle. Le coefficient de self-induction du circuit induit est tel que, à charge normale, le décalage atteint 45°. L'intensité d'excitation, qui est représentée par la ligne droite CC', est égale à l'intensité utile extérieure. La courbe AMU est celle du courant qui circule dans l'induit de la machine.

(1) Ampères représentés par le symbole I^{op}.

Le rapport $\dfrac{n}{N} = \dfrac{2}{5}$. $I_p = 7$ ampères. $I_n = 5$ ampères.

La variation du nombre des spires excitatrices est effectuée au moment où la tension aux bornes est nulle. On remarquera que la chute d'intensité est représentée sur la figure par une ligne verticale OD ; il est très probable que, en pratique, l'intensité I_p ne passe pas instantanément à la nouvelle valeur I_n. L'effet de la commutation doit allonger la ligne OD et la rendre oblique, ou l'arrondir de manière à relier la partie inférieure AO à la partie supérieure DM par une courbe régulière.

Le courant qui circule dans le circuit extérieur est un courant alternatif équi-coulombé. Il n'est pas discoulombé parce que nous avons supposé la résistance intérieure de la machine $r = 0$.

Nous émettons l'opinion que le courant $I_p - I_n = 2$ ampères, ne produit aucune action démagnétisante dans l'alternateur.

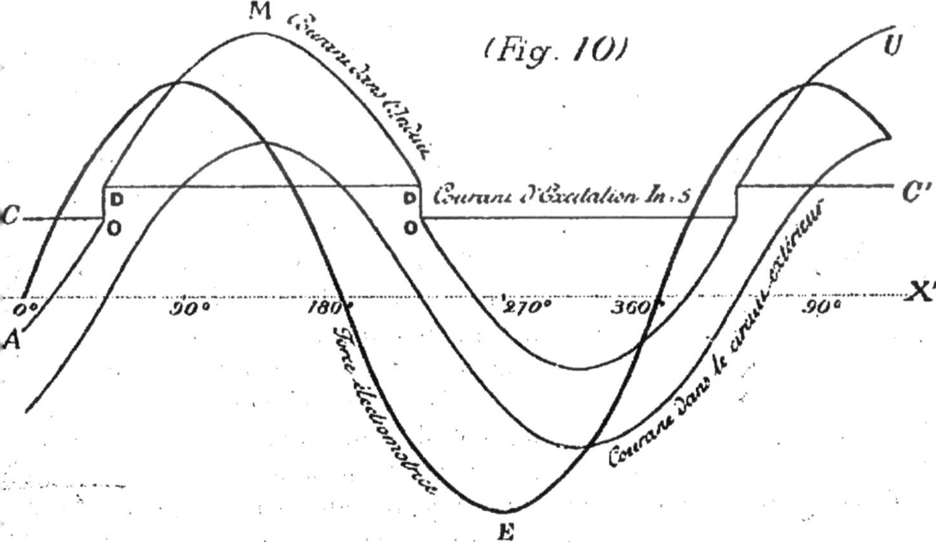

Courbes de Sinus pour un décalage de 45°; l'intensité utile extérieure - 7 ampères
{ On a supposé que l'intensité nécessaire à } l'intensité d'excitation Ip - 7 ampères
{ la variation du flux est négligeable, c'est } In - 5 ampères
{ à-dire que i m = 0 }

Point critique du passage de l'ondulance à l'alternance.

Quand on ferme le circuit d'un alternateur à courant différentiel sur une bobine d'induction dont la constante de temps est suffisamment grande, on constate que les aiguilles d'un ampère-mètre Carpentier à courant continu et d'un électro-dynamomètre, intercalés dans le circuit, indiquent sensiblement le même courant.

Or, si on suit avec l'extrémité d'une des deux électrodes le pourtour de la bobine, de manière à diminuer de plus en plus le coefficient de self-induction de la bobine, il arrive un moment précis où l'électro-dynamomètre prend de l'avance sur l'ampère-mètre. Cet instant précis (1) est le moment du passage du courant de l'ondulance à l'alternance.

La courbe représentative du courant acquiert alors une forme toute particulière; ce qui la caractérise principalement, ce sont des longueurs d'onde et de temps inégales pour les deux sinusoïdes. La sinusoïde positive est généralement plus longue que la négative.

Nous pensons qu'on pourrait donner à cette courbe le nom de « *ondernance* ».

Nous laissons le mot d'alternance à toute courbe de cou-

---

(1) Nous savons que les électriciens savants et compétents nous diront que : « Lorsqu'un courant périodique redressé traverse un ampère-mètre dont la période d'oscillation est grande, comparée au temps périodique du courant, le couple exercé sur l'aiguille est à chaque instant proportionnel à l'*intensité* du courant, et la position d'équilibre de l'aiguille donne la valeur de l'*intensité moyenne*, tandis qu'un électro-dynamomètre intercalé dans le circuit fait connaître l'*intensité efficace*. La première est toujours plus faible que la seconde, de là les différences observées entre les indications d'appareils qui, sur des courants continus, sont cependant rigoureusement concordants. Les différences, dans le cas d'un courant redressé parfaitement sinusoïdal (au redressement près), atteignent 10 pour 100. » (HOSPITALIER, *Énergie électrique.*)

rant *équi-périodique* quelle qu'elle soit. Ainsi, la courbe représentée par la figure 4 est une alternance discoulombée. La courbe de tout courant différentiel circulant dans un circuit dépourvu de self-induction est sensiblement une alternance discoulombée, tandis que pour un circuit possédant de la self-induction, la courbe représentative du courant est une *ondernance*.

Le courant secondaire d'une bobine de Ruhmkorff est une ondernance équicoulombée.

Quant aux mots « ondulance et ondulation », nous donnons le nom de : *ondulance* à la courbe du courant redressé parfaitement sinusoïdal représenté par la figure 7. Nous réservons enfin le mot général *d'ondulation* pour toute courbe telle que celle de la figure 6, qui s'élève toujours plus ou moins au-dessus de l'axe des X.

Transformation du courant alternatif de haute tension en courant continu de basse tension.

Nous avons vu que le courant qui circule dans les bobines induites d'un alternateur à excitation ondulante, *diminue* quand on ferme le circuit sur une bobine d'induction à grande constante de temps. Il y a dans ce phénomène le principe d'un nouveau système de transformation du courant alternatif de haute tension en courant continu de basse tension. Ce système comprend comme appareils principaux : un alternateur-générateur ordinaire à haute tension, une ligne plus ou moins longue, et comme appareils récepteurs, deux bobines d'induction à circuit magnétique fermé, placées en dérivation sur l'extrémité de la ligne.

Une de ces deux bobines d'induction est périodiquement

4

modifiée dans le nombre de ses spires, à l'aide d'un petit moteur synchrone appelé « *ondulateur* ». On intercale en tension, dans le circuit de cette bobine, l'appareil à basse tension à courant continu qui constitue le récepteur proprement dit.

S'il s'agit d'un moteur à courant continu, ce moteur fonctionnera identiquement comme s'il était alimenté par un courant continu ordinaire ; la différence de potentiel entre ses bornes ne sera jamais qu'une fraction de la tension fournie par l'alternateur.

Les appareils récepteurs doivent être parfaitement lamellés. Le moteur synchrone-ondulateur peut être remplacé par un moteur à courant continu, mais alors celui-ci doit conserver toujours la même vitesse relative par rapport à l'alternateur-générateur.

La principale objection que l'on peut faire à ce système, c'est l'emploi de bobines d'induction relativement énormes. On ne peut guère songer à dépasser le genou de la courbe, qui représente la variation de l'induction dans le fer ; on est limité, en effet, non pas par une question d'hystérésis, puisque la variation du flux est toujours relativement très faible, mais par l'augmentation rapide et progressive de l'intensité, dès que l'induction dépasse les valeurs de 12,000 à 15,000.

En adoptant des valeurs supérieures, le courant ne tarderait pas à devenir « *onderné* » dans la bobine d'induction séparée.

Le courant principal qui circule dans la ligne est théoriquement égal à $\dfrac{I_p - I_n}{2}$. Nous émettons l'avis que ce courant ne produit aucune action démagnétisante dans l'alternateur-générateur.

Le démarrage des moteurs synchrones.

La variation périodique du nombre des spires induites ou inductrices d'un alternateur fournit une excellente solution, croyons-nous, de la question du démarrage des moteurs synchrones.

On connaît le principe de la répulsion électro-dynamique d'Eliu Thompson. Pour obtenir une rotation, il suffit de faire varier le nombre des spires induites ou inductrices d'un alternateur chaque fois qu'un quart de période est accompli. Le couple est d'autant plus fort que la variation $\dfrac{n}{N}$ est plus grande.

On peut adopter un collecteur spécial pour effectuer la variation tous les quarts de période, mais on peut aussi employer le même collecteur qui sert à produire l'excitation.

Voici le moyen que nous avons employé : Les touches minces reliées aux spires ondulantes s'étendent sur le pourtour du collecteur, jusqu'à 45° à droite et à gauche de chaque ligne neutre ; dans ces conditions, si on décale les balais de 45°, le moteur lancé à la main continue à tourner, et la vitesse augmente progressivement jusqu'à ce que le synchronisme soit atteint. Le courant est alors continu dans le circuit inducteur, et l'alternateur fonctionne comme moteur synchrone.

En principe, ce système comporte un point mort au démarrage, car ce n'est que l'excès d'une répulsion électro-dynamique directe sur une répulsion électro-dynamique inverse qui engendre la rotation mécanique. Il ne faut donc pas compter démarrer sous charge avec ce système.

Alimentés par un courant alternatif ordinaire, les alternateurs à excitation ondulante fournissent d'excellents moteurs synchrones, capables, croyons-nous, de lutter avantageusement avec les moteurs à courant redressé. Ceux-ci ne peuvent d'ailleurs convenir qu'aux petites puissances, tandis que ceux-là conviennent parfaitement aux grandes puissances ; la différence de potentiel existant en un point quelconque du collecteur *n'étant jamais qu'une fraction de la tension totale.*

Nous aurions bien voulu nous procurer le tome XLV, page 470, de la *Lumière électrique,* ainsi que le tome XLVI, page 652, articles relatifs au fonctionnement des moteurs Ganz ; il nous a été impossible de nous procurer ces numéros.

Cas où un transformateur est intercalé dans le circuit.

Quand on réunit le circuit primaire d'un transformateur à courants alternatifs aux bornes d'un alternateur qui produit du courant différentiel, on constate aux bornes du secondaire un courant alternatif simple ; mais dans le cas d'un transport de force, lorsque le circuit secondaire est réuni aux bornes d'un moteur synchrone à excitation ondulante, constate-t-on dans le circuit primaire un courant différentiel, si ce dernier circuit est réuni aux bornes d'un alternateur produisant du courant alternatif simple ?

Nous laissons aux électriciens compétents le soin de répondre à cette question intéressante.....

Nous avons vu que des courants de Foucault sont produits dans le noyau inducteur des alternateurs à excitation ondulante ; nous émettons l'avis que ces courants de Foucault sont des courants différentiels.

Il y aurait peut-être avantage, dans les distributions par courants alternatifs, à envoyer dans le circuit à haute tension

un courant alternatif discoulombé de 0,1 à 1 °/₀, et même
moins. En marche à vide, circuit secondaire ouvert, le flux
ne serait pas renversé, et la perte par hystérésis serait
moindre.

Transport de force par courant différentiel.
Moteurs synchrones sans balais.

A l'époque où nous rédigeons cette brochure, M. Blondel
publie, dans l'*Industrie électrique,* une étude intéressante sur
la théorie et les propriétés des moteurs synchrones. Nous
sommes persuadés et convaincus que l'avenir des transports
industriels de force par courants alternatifs est à l'emploi
des moteurs synchrones combinés avec un système qui leur
permettra de démarrer seuls, c'est à dire de devenir asynchrones.

Si nous examinons avec les yeux d'un amateur le fonctionnement des moteurs à courants polyphasés, nous voyons
que l'énergie, pour parvenir à la machine à coudre, est
obligée de traverser un entrefer, et, dans ce cas, le coefficient
d'induction mutuelle de l'induit et de l'inducteur est loin
d'avoir la valeur qu'il possède dans un transformateur ordinaire à courants alternatifs.

Dans un alternateur-moteur synchrone, au contraire,
l'énergie active arrive directement à l'armature induite;
l'énergie consommée par le système inducteur étant, dans ce
cas, aussi faible que l'on veut. Nous allons voir que le courant
différentiel permet de combiner un système mixte possédant
à la fois les qualités des moteurs synchrones et celles des
moteurs asynchrones.

M. W. de Fonvielle qui, à notre humble avis, est le véritable inventeur des moteurs à champ magnétique tournant, a publié, dans le journal *le Cosmos*, une série d'articles intéressants sur le fonctionnement des disques placés dans des champs magnétiques rotatoires. C'est ainsi qu'il écrivait le 18 janvier 1890 : « Mon appareil se composait d'un cadre galvanométrique dans lequel on lançait le courant d'une bobine de Ruhmkorff, d'une construction particulière. Mais je n'ai pas tardé à reconnaître qu'on pouvait faire agir un courant d'une origine quelconque, pourvu qu'il fût *interrompu*. La rotation ne se produit d'une façon spontanée que lorsque le solide est soumis, en même temps, à une action inductive intermittente, et à une action magnétique permanente. La coexistence de ces deux forces est rigoureusement indispensable pour que le champ magnétique tournant soit constitué..... ». Plus tard, il écrivait : « On peut remplacer dans l'appareil de Ferraris une des deux bobines inductrices par un aimant permanent, et, dans ce cas, la différence de phase est produite par la réaction des courants induits dans le disque sur le magnétisme de l'aimant. »

On voit par ces expériences qu'il n'est nullement nécessaire d'avoir des courants périodiquement renversés, c'est à dire alternatifs, pour produire le champ tournant. Il suffira d'employer des flux variables, de même sens, mais à variations inégales. Or, si nous nous reportons aux figures 6 et 7, nous voyons qu'en employant deux bobines inductrices à constantes de temps différentes, telles, que la forme du courant de l'une soit représentée par la courbe B, et celle du courant de l'autre par la courbe C, on pourra obtenir deux flux variables de même sens, mais à variations inégales. Il suffira, à cette fin, de placer les deux bobines, en dérivation sur un circuit alimenté par un courant différentiel.

Il résulte de cette manière de procéder une conséquence importante, c'est que, l'aimantation étant permanente dans l'excitation, on aura à sa disposition un moteur synchrone et asynchrone tout à la fois.

En employant comme machine réceptrice un alternateur

à fer tournant, on aura un moteur dépourvu de tout organe frotteur, et possédant un rendement spécifique bien supérieur aux moteurs à courants polyphasés.

Nous devons reproduire ici quelques lignes parues dans la *Lumière électrique* du 12 mars 1892. M. Frank Géraldy s'exprime ainsi : « Il n'y a qu'un assez petit nombre de machines alternatives employées en réceptrices ; elles sont du système Ganz et Zipernowski ; ces appareils ne reçoivent pas leur courant inducteur d'une source spéciale de courant continu ; ils le prennent sur leurs propres bobines, au moyen d'un redresseur. Le courant fourni ne sera continu que si le synchronisme est effectivement atteint avec précision. Est-ce ainsi que les choses se passent? Des esprits très autorisés ne le pensent pas. Ils estiment que si l'on met une de ces machines en mouvement avec une vitesse croissante, il s'y développe un couple qui, très faible d'abord, s'accroît avec cette vitesse ; le travail engendré grandit rapidement, et il arrive une vitesse pour laquelle ce travail répond à la puissance demandée ; un état stable prend alors naissance et persiste sans que le synchronisme soit pour cela nécessairement atteint ; les vitesses ainsi réalisées seraient toujours très voisines de celle que donnerait le redressement complet, mais ne seraient pas précisément égales à celle-là. La théorie ne s'appliquerait donc pas, et ces machines fonctionneraient plutôt à peu près à la manière des machines à champ tournant..... »

On lit à la fin du *Traité des machines dynamos* de S. Thompson : « L'excitation de ces moteurs Zipernowsky est produite par redressement du courant alternatif et sans étincelles au redresseur, par suite des bobinages adoptés. La vitesse de ces moteurs est constante, quelle que soit la charge. Ils ont, en outre, une très grande élasticité de puissance : en marche, on peut, sans les caler, augmenter de 50 °/₀ la puissance qui leur est demandée..... »

Le courant différentiel permet d'exciter sans balais les moteurs synchrones. Les alternateurs à circuit inducteur unique et à fer dans l'induit, peuvent parfaitement fonctionner comme moteurs synchrones lorsqu'ils sont placés sur un circuit parcouru par un courant différentiel. Toutefois, il y a certains régimes pour lesquels le courant devient continu dans le circuit induit du moteur. Par suite, pour ces régimes, le moteur ne peut fonctionner.

Le seul remède à cet inconvénient est l'emploi d'un courant différentiel très faiblement discoulombé. Nous avons vu qu'on peut exciter un alternateur de 15 kilowatts avec un courant de 15 ampères et une résistance ohmique de circuit inducteur égale à 0 ohm 25. Il faut donc, pour exciter cet alternateur, un courant discoulombé de 7,5 %. La self-induction, ou plutôt la constante de temps du circuit induit du moteur, étant toujours très grande, le courant différentiel produit par la génératrice sera très probablement trop discoulombé pour obtenir une bonne marche sous tous les régimes admis sans décrochage. Nous voulons dire, en effet, qu'il y aura certains régimes de charge pour lesquels le courant deviendra forcément continu dans l'induit, au lieu de rester *onderné*.

Mais, si pour l'excitation nous admettons, au lieu du dixième de l'intensité totale, une intensité égale à l'intensité de charge normale, c'est à dire 150 ampères dans le cas actuel, la résistance ohmique du circuit inducteur pour le même nombre d'ampères-tours ne dépassera pas 0,0025 ; il n'y aura que 24 spires excitatrices. Dans ces conditions, le courant fourni par la génératrice ne devra être discoulombé que de 0,75 %. La résistance ohmique du circuit induit de cet alternateur étant de 0 ohm 01, nous ne pensons pas qu'un courant alternatif si peu discoulombé puisse avoir une grande influence pour troubler la marche du moteur, quel que soit le régime de charge admis avec un courant alternatif simple.

On nous objectera que l'emploi d'une intensité d'excitation égale à l'intensité de charge normale n'est pas sans entraîner une grande perte de puissance dans la ligne.

M. André Blondel dit, dans le numéro de l'*Industrie électrique* du 25 mars 1895 : « Le courant magnétisant est en général compris entre le tiers et le quart du courant de charge dans les moteurs polyphasés, et entre le demi et le tiers dans les moteurs monophasés. » Or, si nous examinons quelle est la puissance perdue en watts dans une ligne de 0 ohm 01, pour le transport de force indiqué ci-dessus, nous trouvons : $\dfrac{300 \times 300 \times 0,01}{2} = 450$ watts pour une intensité d'excitation égale à l'intensité normale qui circule dans l'induit du moteur. L'intensité positive égale théoriquement 300 ampères; l'intensité négative $= 0$; ceci dit, bien entendu, en négligeant les quelques ampères nécessaires à la variation du flux et aux courants de Foucault. — Le même moteur étant excité par un courant redressé, exigera, pour la même perte de puissance dans la ligne, un courant moyen de 212 ampères : $212 \times 212 \times 0,01 = 450$. C'est à dire que le courant d'excitation sera égal à $212 - 150 = 62$ ampères, chiffre qui est compris entre le demi et le tiers du courant normal.

Nous avons cité le cas d'un alternateur de 15 kilowatts; plus la puissance augmente, moins le courant générateur a besoin d'être discoulombé pour exciter la machine réceptrice.

En général, la résistance ohmique de la ligne devra être plutôt plus faible que celle des machines génératrices et réceptrices.

Si la machine génératrice est à excitation ondulante, la tension négative qu'elle fournit devient la tension positive aux bornes de la réceptrice.

Il est difficile de bien étudier ce système de transport de force sur des petits alternateurs. L'excitation demande un courant alternatif trop fort discoulombé.

Nous pensons qu'il est facile d'établir, pour ce genre de courant, une épure bipolaire analogue à celle qui est représentée par la figure 3 de la page 47 de l'*Industrie électrique* du 10 février 1895.

Objection faite par les mécaniciens.

Les alternateurs qui produisent du courant différentiel ne sont pas soumis, mécaniquement, à des efforts symétriques et réguliers. Les mécaniciens ne manqueront pas de faire cette objection, et cela par raison de symétrie. En fait, l'expérience prouve que l'alternateur paraît ronfler plus fort quand il produit du courant différentiel que quand il produit du courant alternatif. Il est facile de constater ce phénomène, à l'aide de la bobine d'induction. Avec cet appareil en dérivation sur le circuit, le ronflement change de tonalité. On voit que le courant tend à devenir équicoulombé.

M. Fabius Henrion, constructeur distingué, qui, aujourd'hui, construit les alternateurs fournissant des courants monophasés, biphasés, triphasés, dit dans son catalogue : « J'ai évité, en créant une machine à *flux constant*, le ronflement assourdissant des machines alternatives. » Nous serions curieux de voir et d'entendre fonctionner cette remarquable dynamo.

Le ronflement varie considérablement avec la lubrifaction plus ou moins abondante des coussinets.

L'objection faite de la dissymétrie des efforts mécaniques ne nous paraît pas bien sérieuse, quand on examine ce qui se passe dans un alternateur ordinaire en marche. On lit à la page 624 du *Traité des machines dynamos* du P. Thompson : « La présence d'un décalage quelconque du courant d'un alternateur conduit à un très singulier résultat. Quand les ampères circulent en concordance avec les volts, la machine fournit de l'énergie électrique, et il faut développer du travail mécanique pour l'actionner; mais, si les ampères circulent à l'encontre d'une force contre-électromotrice, le circuit abandonne de l'énergie électrique qui est transformée en énergie mécanique, et vient comme telle concourir à l'entraînement de la machine. Ces phénomènes correspondent respectivement, l'un au cas d'une génératrice, l'autre à celui d'un moteur.

Considérons un alternateur dans lequel les ampères sont en retard sur les volts ; il est évident que, en conséquence de ce retard, les ampères circulent par moments à l'encontre des volts, au lieu de concorder avec eux. En réalité, on peut diviser chaque période en quatre parties, pendant deux desquelles les ampères et les volts sont de même sens, tous deux positifs ou tous deux négatifs, et pendant les deux autres desquelles les ampères et les volts sont de sens contraires, en raison de ce que les volts ont changé de signe, tandis que les ampères, en retard, n'en ont pas encore changé. Or, pendant les deux premières fractions de période, alors qu'il y a concordance de signes, la machine est dans la condition de génératrice et a besoin d'être actionnée mécaniquement, les courants développant dans l'induit un couple inverse. Mais pendant les deux autres fractions de période, où il y a opposition de signes, la machine est dans la condition de réceptrice ou moteur, et tend à s'entraîner elle-même, le couple mécanique développé y concourant. Les conducteurs sont, en conséquence, constamment soumis à des efforts alternativement actifs et résistants, *tirés, puis aidant à tirer*, deux fois par période..... »

On voit par cette citation, qu'il est de la nature même des alternateurs d'être soumis à des efforts mécaniques périodiquement variables. Nous ne pouvons pas mieux comparer un alternateur à courant différentiel qu'à une machine à vapeur à simple effet, quand il fonctionne en circuit extérieur ouvert, et à une machine à vapeur à double effet, mais à détente inégale pour les deux courses du piston, quand il fonctionne en circuit extérieur fermé.

Le circuit magnétique de l'alternateur est tout à fait comparable au volant de la machine à vapeur, qui restitue de l'énergie mécanique aussitôt que la machine ne lui en fournit plus.

Est-il possible de produire le courant différentiel ou d'exciter une dynamo sans organe frotteur ?

Nous ne nous sommes occupés jusqu'ici, dans la variation de la constante de temps $\dfrac{L}{R}$, que de la variation du terme L. Mais on peut tout aussi facilement obtenir un courant différentiel en faisant varier le terme R. On connaît les propriétés du sélénium. Or, si nous dirigeons sur un récepteur à sélénium, dont le circuit est fermé sur un générateur à courants alternatifs, des éclats de lumière périodiques, nous obtiendrons un courant différentiel. Une dynamo peut être ainsi excitée sans organe frotteur.

Le problème est réalisable, toutefois, nous pensons que l'appareillage nécessaire serait peut-être hors de proportion avec les dimensions de la dynamo à exciter.

Citons une des propriétés des récepteurs à sélénium (*Lumière électrique* du 7 février 1891) : « On a fait une expérience de cours qui montre les propriétés des récepteurs à sélénium. L'un d'eux était uni en série avec un relais et une batterie. Le relais était disposé de façon à faire sonner un timbre ou allumer une lampe à incandescence. Quand le circuit du timbre était fermé, il restait silencieux tandis qu'on éclairait les récepteurs de sélénium. mais en interposant un écran le timbre sonnait. En employant comme écrans plusieurs verres colorés, on constate que l'effet est dû aux rayons rouges et jaunes. Une expérience semblable, faite avec la lampe, est très frappante : en baissant la flamme du gaz qui éclaire le récepteur, la lampe brille; elle s'éteint lorsqu'on lève le gaz. Ceci montre qu'on peut réaliser un allumeur automatique qui allumerait ou éteindrait les lampes suivant le besoin... »

Il ne faut pas désespérer de voir figurer à l'Exposition de 1900 des dynamos s'excitant à l'aide d'un procédé de ce genre.

Il y aurait peut-être encore un moyen d'exciter un alternateur sans organe frotteur. Ce serait d'ajouter périodiquement du fer au circuit magnétique pendant chaque demi-période négative. On pourrait utiliser le principe de la perméabilité variable du fer.

Le point important et capital est de pouvoir augmenter le coefficient de self-induction, c'est à dire la section du fer, sans qu'il y ait augmentation correspondante du flux.

Plusieurs constructeurs font valoir dans leurs catalogues les avantages de l'alternateur à fer tournant; ils ne mettent pas sous les yeux de l'industriel la machine destinée à exciter l'alternateur. Or, il n'est pas plus difficile d'entretenir des grands balais et un grand collecteur que des petits balais et un petit collecteur. Le jour où l'alternateur s'excitant lui-même sans balais sera créé, la machine à courant continu reculera de cent pas en arrière.

Courant alternatif équijoulé et disjoulé.

Un alternateur ordinaire produit du courant alternatif équicoulombé et équijoulé. Il n'est pas impossible de produire, à l'aide d'une machine du courant alternatif équicoulombé disjoulé, c'est à dire un courant alternatif dont les deux demi-périodes possèdent les mêmes quantités d'électricité, mais produisent des énergies (joules) différentes.

Le courant alternatif produit par le circuit secondaire d'une bobine de Rhumkorff est toujours équicoulombé. C'est un courant équicoulombé disjoulé.

Nous avions construit une machine qui produisait du courant alternatif équicoulombé disjoulé; malheureusement, la partie mécanique de cette machine laissant beaucoup à désirer, il nous a été impossible de faire des expériences sur cette étonnante machine.

Le fonctionnement d'une lampe à arc, alimentée par un courant de cette forme, ne manquerait pas d'être intéressant.

Les applications du courant différentiel étant multiples, nous avons cru devoir faire breveter, d'une manière générale, l'emploi et la production du courant différentiel à l'aide de la variation de la constante de temps $\dfrac{L}{R}$.

CONCLUSION.

Nous avons indiqué d'une manière générale, dans cette brochure, les principaux phénomènes présentés par le courant différentiel. On trouvera sans doute que nous avons émis quelquefois des idées un peu hasardées. Certaines de nos assertions seront vivement critiquées par les électriciens compétents.

Les calculs que nous avons donnés sont des plus élémentaires et sont loin de satisfaire les représentants de la vraie science électrique. Nous préférons laisser à ces derniers le soin d'appliquer l'analyse mathématique à cette nouvelle forme de courant, plutôt que de nous exposer à être entraînés fatalement sur le chemin de l'erreur.

Nous avons exposé les résultats de nos expériences aussi bien que nous avons pu le faire. Nous avons la conviction que ces expériences vont être renouvelées par d'autres, et que le courant différentiel est appelé à être utilisé dans certains cas.

En attendant, l'industrie possède, à notre humble avis, une nouvelle et excellente Dynamo de plus. Le principe de l'excitation ondulante est, pensons-nous, un principe fécond pour la solution du problème de la *dynamo s'excitant elle-même sans collecteur et sans balais.*

La Neuville-les-Wasigny (Ardennes), le 1er mai 1806.

52825 — Imprimerie coopérative de Reims (N. Moscr, dir.), rue Pluche, 24.

Documents manquants (pages, cahiers..)
NF Z 43-120-13

9 782013 579681